U0359214

小问题大发现

[法] 索菲 · 弗洛马热 / 著　[法] 玛丽 · 德 · 蒙蒂 / 绘
李月敏 / 译

北京时代华文书局

图书在版编目（CIP）数据

人体 /（法）索菲 · 弗洛马热著 ;（法）玛丽 · 德 · 蒙蒂绘 ;
李月敏译 . -- 北京 : 北京时代华文书局 , 2020.8
（小问题大发现）
ISBN 978-7-5699-3731-2

Ⅰ . ①人… Ⅱ . ①索… ②玛… ③李… Ⅲ . ①人体－儿童读物 Ⅳ . ① R32-49

中国版本图书馆 CIP 数据核字 (2020) 第 090851 号
北京市版权局著作权合同登记号 图字 :01-2018-8823

Comment mon CORPS fonctionne-t-il ?
Illustrator: Sophie FROMAGER
Author: Marie DE MONTI
2018-2019, Gulf stream éditeur
www.gulfstream.fr
This translation edition published by arrangement with Gulf stream éditeur through Weilin BELLINA HU.

小问题大发现　人体
Xiao Wenti Da Faxian　Renti

著　　者 | [法] 索菲 · 弗洛马热
绘　　者 | [法] 玛丽 · 德 · 蒙蒂
译　　者 | 李月敏

出 版 人 | 陈　涛
策划编辑 | 许日春
责任编辑 | 石乃月　王　佳
责任校对 | 张彦翔
装帧设计 | 刘晓辉　迟　稳
责任印制 | 刘　银

出版发行 | 北京时代华文书局 http://www.bjsdsj.com.cn
北京市东城区安定门外大街 138 号皇城国际大厦 A 座 8 楼
邮编：100011　电话：010 - 64267955　64267677
印　　刷 | 湖北长江印务有限公司　0217 - 8382604
（如发现印装质量问题，请与印刷厂联系调换）
开　　本 | 880mm×1230mm　1/32　　印　　张 | 9　　字　　数 | 173 千字
版　　次 | 2020 年 10 月第 1 版　　印　　次 | 2020 年 10 月第 1 次印刷
书　　号 | ISBN 978-7-5699-3731-2
定　　价 | 136.00 元 (全 8 册)

目录

10个问题

4个活动

提示：活动要注意安全

文中带**星号***的词汇，在词汇表里有详细的解释！

我们的身体是用什么做成的？

关于你的身体，你从镜子里了解到了它的外表。但是在皮肤下面，隐藏着一个组织严密的机器……

你的身体里面有骨骼、肌肉和器官*。

骨骼是一个框架，上面附着着肌肉，让你能够站立和移动。头骨和胸腔也保护着你的各个器官，它们共同协作，为你在日常生活中需要的各种功能提供保障。

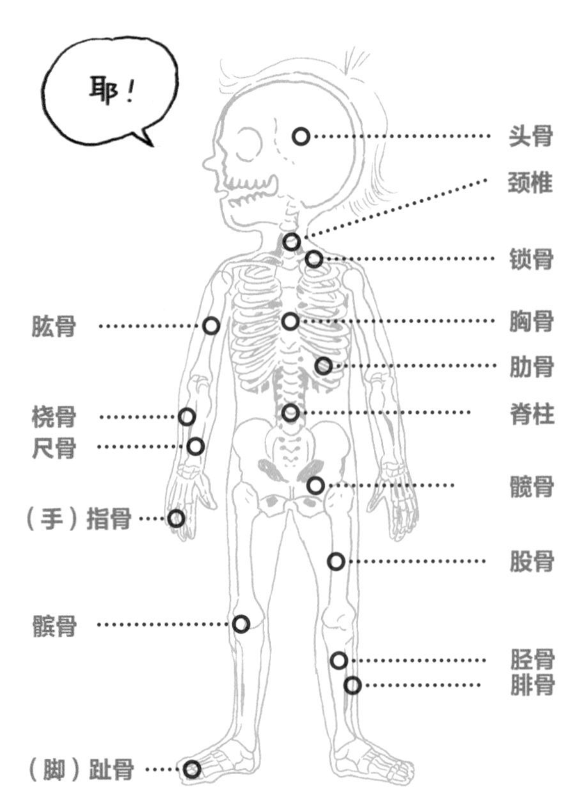

骨架中的主要骨骼

神经系统会向所有器官发出命令。消化系统、呼吸系统和循环系统为它们提供营养*和氧气*。泌尿系统负责清除垃圾，生殖系统让你将来某一天拥有宝宝！

你知道吗

我们可以将人体器官按功能分为五大类：

循环功能：心脏、动脉和静脉；

呼吸功能：肺、气管；

消化功能：食道、胃、肠、胰腺、肝脏；

排泄功能：肾脏、膀胱；

生殖功能：卵巢、子宫、阴道、睾丸、阴茎。

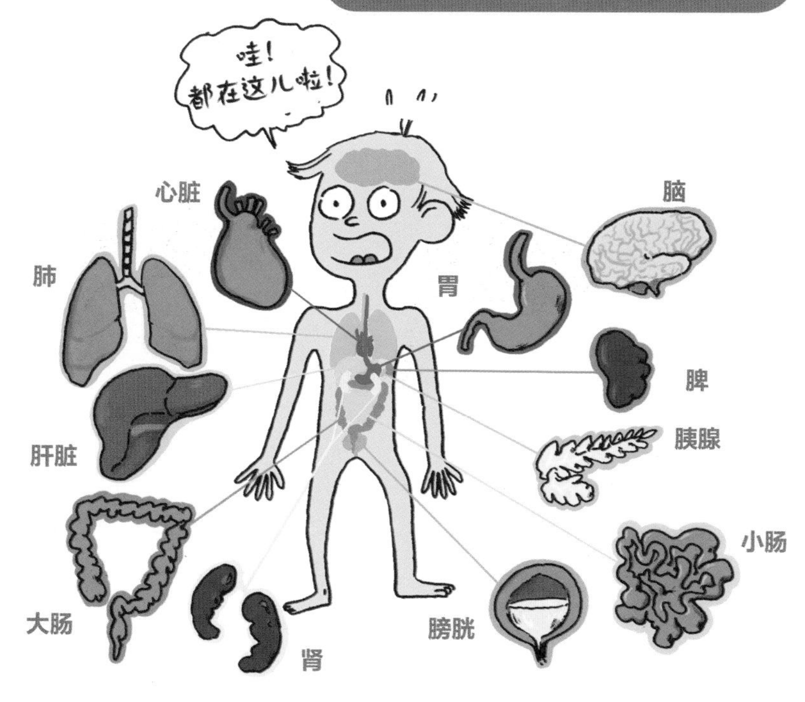

身体主要器官

我们为什么能动？

走路、奔跑、挥手、摇头：你的身体可以实现无数的动作，这多亏了你的肌肉和大脑！

为了做一个动作，你调动起了**关节***。关节是骨骼与骨骼之间的一种连接形式。当你弯曲手臂时，你的二头肌会随着你的三头肌舒张而收缩，从而使你的肘部屈曲。

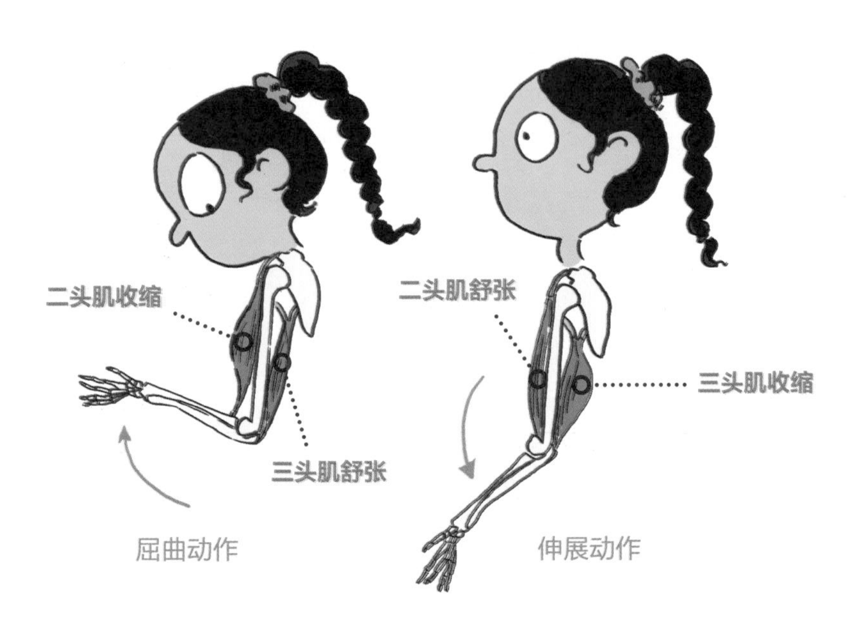

为了让肌肉把关节调动起来，你的大脑必须首先以神经冲动的形式发出指令。这个指令沿着你的脊髓传播，然后进入与运动所需的肌肉相连的神经。根据它们接收到的指令，你的肌肉开始收缩或舒张，瞧！

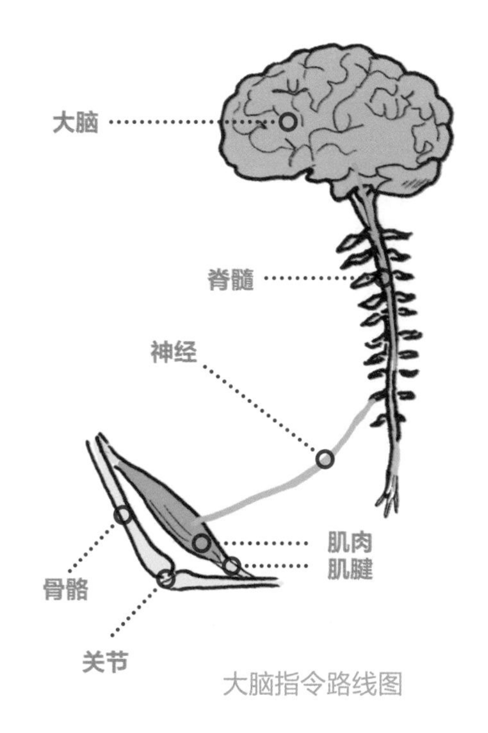

大脑指令路线图

你知道吗？

206块骨头与400个关节一起组成了你的骨架。另外，你还拥有639块肌肉。你所能做出的各种表情，都要感谢脸上的42块表情肌。

眼睛、耳朵、鼻子、嘴巴、皮肤：它们都有什么用呢？

你的身体有五种基本感觉（视觉、听觉、嗅觉、味觉和触觉），让你能够感知周围发生的事情，并适应你所处的环境。

你的眼睛里拥有可以捕捉光线的**细胞***。耳朵里的鼓膜可以探测到空气的振动。你的皮肤上布满了对压力、温度和疼痛敏感的传感器。位于**鼻黏膜***中的**神经元***可以探测气味。你的舌头上布满了味蕾，可以辨别食物的**味道***。

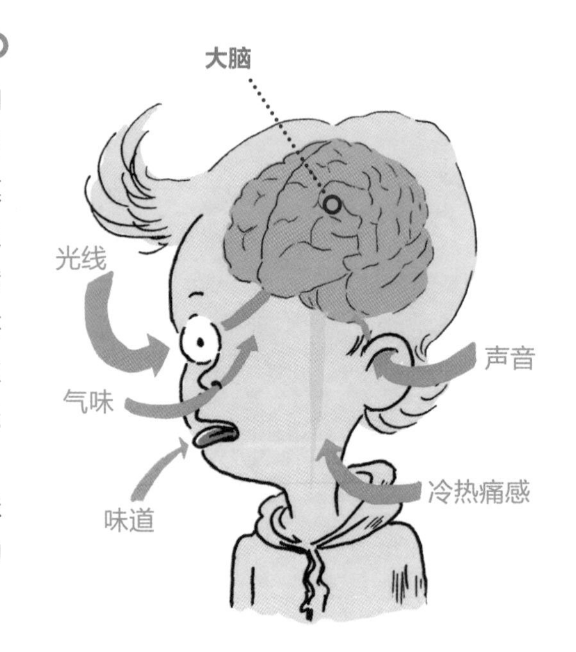

这些不同部位的神经元向你的大脑传递信息。你因此而获得了感觉。这些感觉有时给你带来快乐，有时向你的身体发出警告。

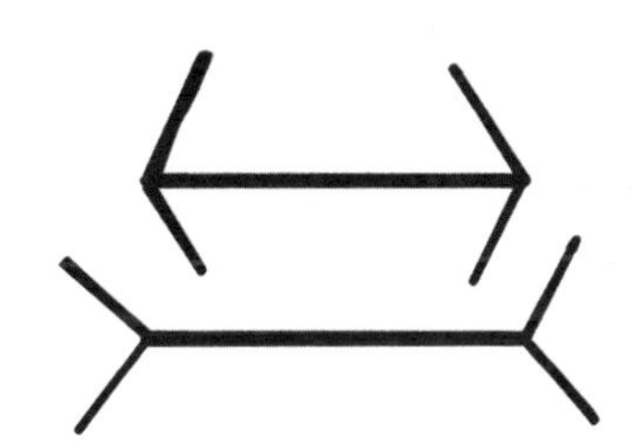

你确定下面图形的横线比上面的长？

拿尺子量一量！

你知道吗？

感觉有时候也会出错，你会感觉到一些与现实不符的东西。这些听到、看到或者闻到的错的事物有时会把你耍得团团转！

我们的能量来自哪里？

不论是运动、思考，还是睡觉，你的身体每时每刻都需要能量。这种能量，是身体从食物中摄取的。

通过物理性消化和化学性消化，消化系统将食物转化为营养物质。这种转化是从嘴巴的咀嚼和分泌唾液开始的，食物进入胃以后，胃壁收缩，将食物搅拌至便于消化的程度，然后用酸性物质将它们分解。

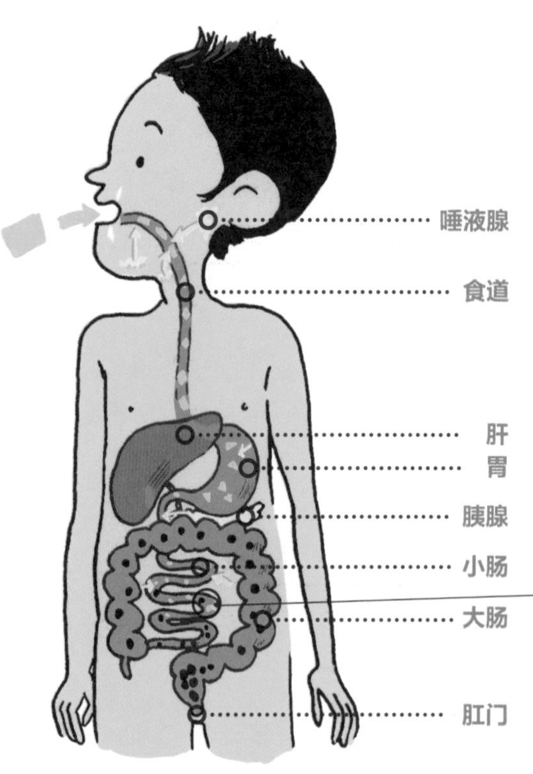

消化系统

营养物质通过肠道进入血液，然后通过血管输送到各个器官。但是，并非所有食物里的东西都是有用的！身体不需要的物质变成了粪便，然后排泄出去。

你知道吗？

在你的肠道里，食物分解后会产生气体。这些气体通过肛门排出，这就是“屁”！平均每人每天产生0.5～2升的气体。

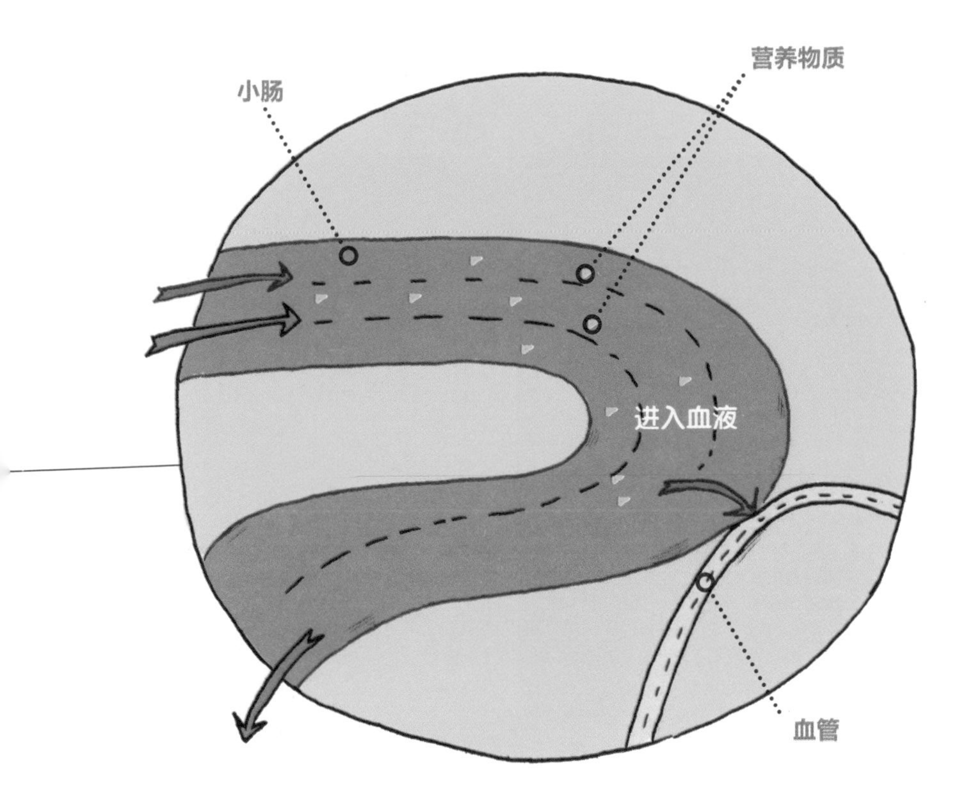

为什么心脏会跳动?

休息的时候，你会忘记心脏的存在，然而当你奔跑的时候，你感觉到心脏在胸膛里猛烈地跳动。这时候，心脏的跳动是为了促进体内的血液循环。

为了能够正常工作，每个器官都需要营养物质和氧气，并且需要清理走垃圾。这个搬运工就是血液。静脉里流动的血液中含有身体不需要的废料和**二氧化碳***，而动脉里流动的血液中含有丰富的氧气和营养物质。

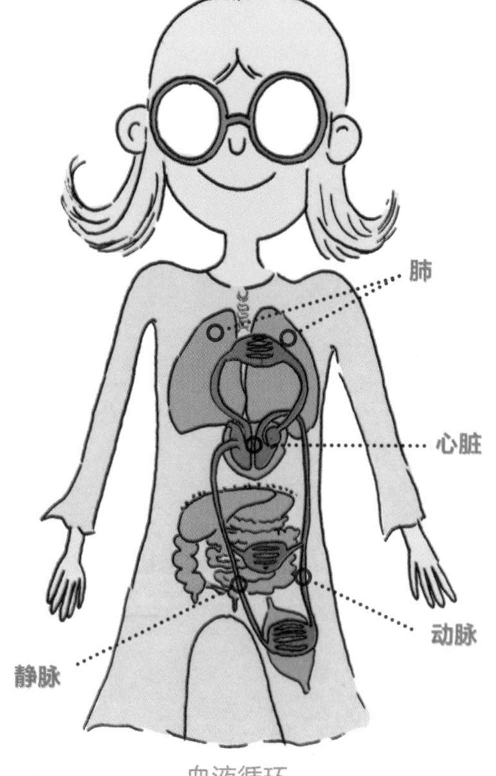

血液循环

你知道吗？

脉搏*随着活动量和年龄的变化而变化。在6~12岁，即便在休息的时候，心脏每分钟也要跳动约90次。活动越剧烈，你的心脏跳得越快，因为在这个时候，你的肌肉需要更多的氧气。

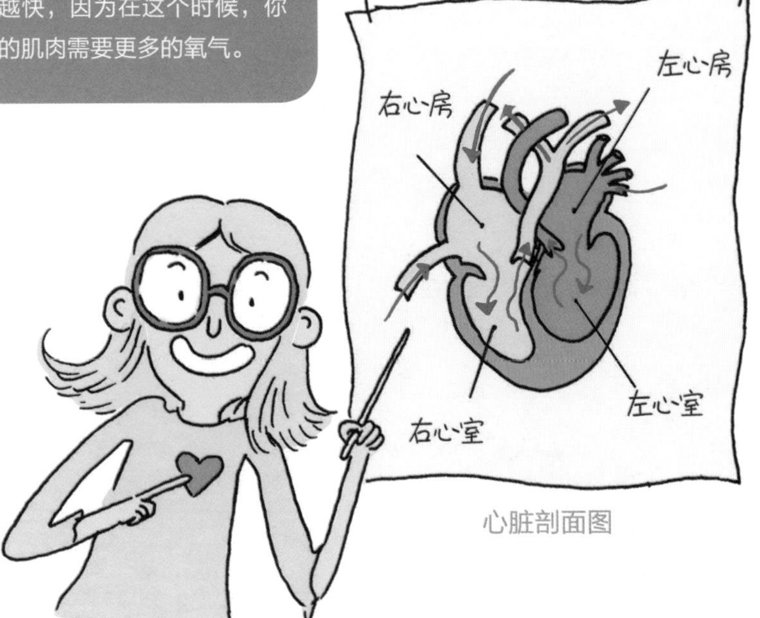

心脏剖面图

为了使血液循环起来，心脏像泵一样工作。心脏是一块由四个腔室组成的肌肉。血液从右心房进入右心室，然后进入肺，完成气体交换后进入左心房，再从左心房流到左心室，左心室将其泵入全身各个器官，然后由各个器官回流到右心房，如此反复进行。

为什么爸爸妈妈总是叫我们早点儿睡？

睡眠，同呼吸和吃饭一样，对身体的正常运转至关重要。在你的一生中，大约有三分之一的时间都是在睡眠中度过的。

当你睡着的时候，身体的某些代谢活动会慢下来。你的呼吸放慢了，心跳放慢了，肌肉放松下来，就连体温也变低了。睡眠越深，你对外界的刺激就越不敏感，大脑也就更加不活跃。

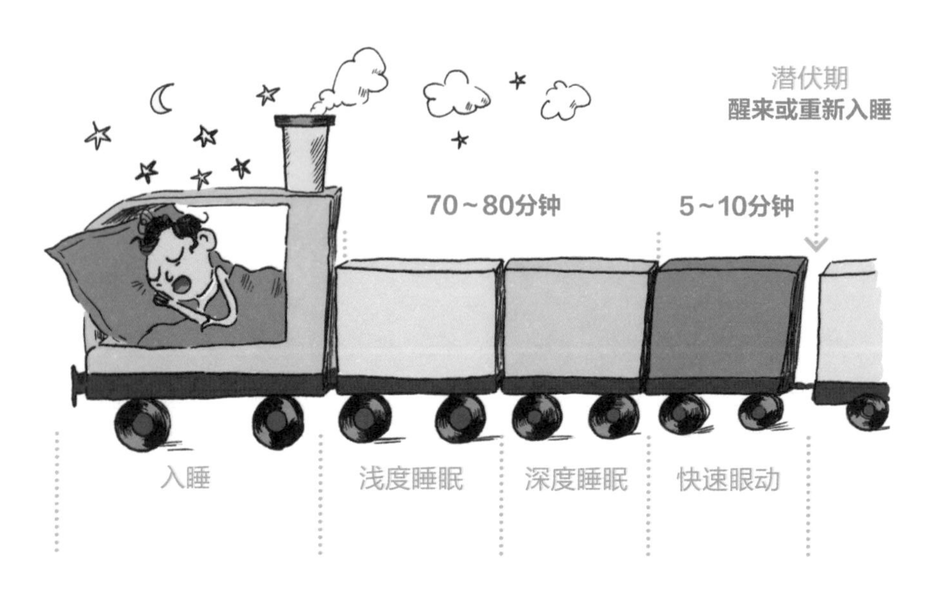

但是，睡眠并不只是意味着休息。它还能激活某些功能。比如，生长**激素***，也就是促进你生长的激素，是在深度睡眠时分泌的。大脑细胞之间的联系也是在晚上得到巩固，这有利于对你白天学到的知识进行存储和记忆。

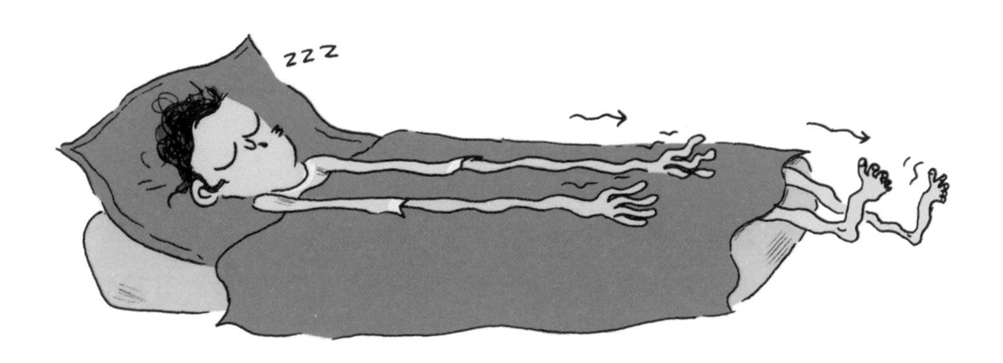

你知道吗？

睡眠时间在人的一生中不断发生着变化。新生儿每天需要16~18个小时的睡眠，6~13岁的孩子每天需要9~11个小时的睡眠，以保证白天精力充沛，青少年每天需要8~10个小时的睡眠，成年人则每天需要7~9个小时的睡眠。

身体是怎么康复的?

骨折了？划伤了？别怕，你的身体拥有一种非常强大的力量，那就是自我修复。

器官和骨骼是由不同的组织组成的。这些组织拥有特定类型的细胞，它们在一定时间后就会死亡。有些细胞在人的一生中会再生，比如血细胞、骨细胞和皮肤细胞。有些细胞则没有那么幸运：细胞死亡以后，它就不会再生了，比如神经细胞。

你知道吗？

你的身体每天损失一百万个皮肤细胞和四五十根头发。然而，你并不会因此而秃头，皮肤也并没有因此而失去活力，因为这些细胞在不断地更新！

当你骨折或皮肤被划伤时，大量的细胞遭到了破坏。但你的身体可以产生大量新的细胞，以修复被损伤的组织。这个过程需要的时间长短不一，但值得庆幸的是，你越年轻，你的骨骼或皮肤就恢复得越快！

为什么牙会掉？

在6～12岁，每个孩子的乳牙都会掉落，并长出恒牙。

你在六个月大的时候长出牙齿（之前主要吃奶，并不需要牙齿），会感觉非常不舒服。而如今一切都要重来一遍！别担心：恒牙生长的时候，你不会感觉到疼痛。

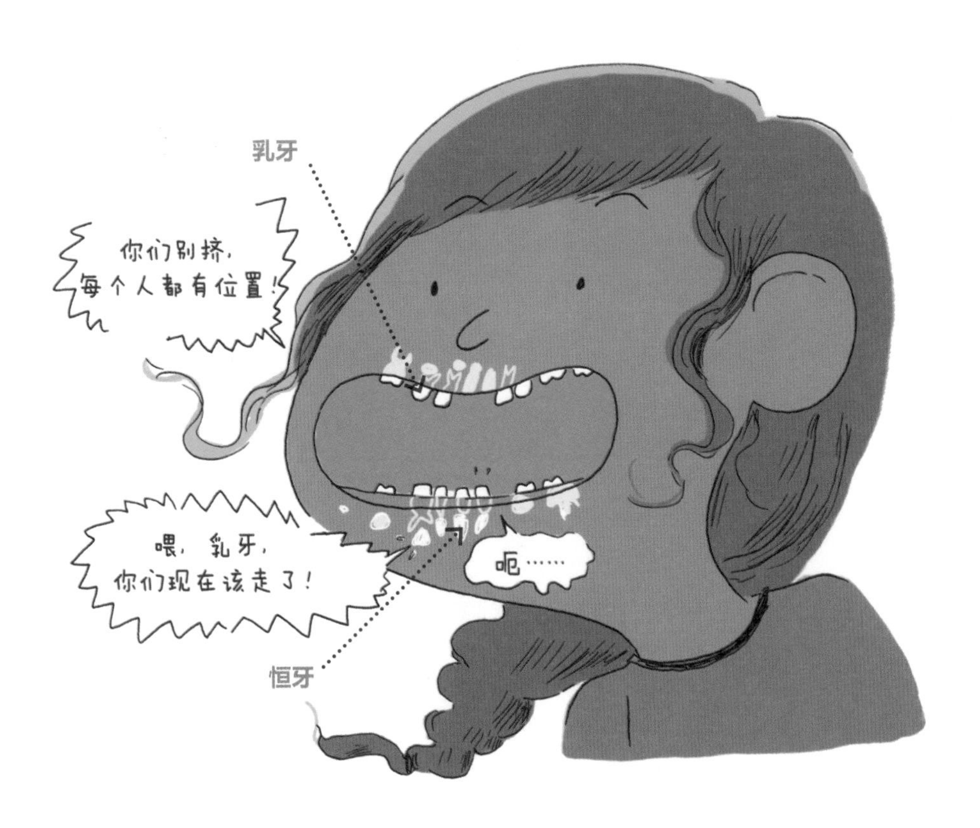

你知道吗？

食物和细菌会攻击牙齿，对它们造成伤害。为了保持牙齿健康，你应该每天刷两次牙（早晚各一次），每次至少刷两分钟。

婴儿的腭骨中没有足够的空间来放置成年人的牙齿。在你生长的同时，你的腭骨也在生长。其实，在你出生后，恒牙就已经隐藏在你的牙龈里了，如今，当空间变得足够大时，恒牙便开始生长，同时松动乳牙的牙根。乳牙逐渐松动，最后掉了下来。

为什么大人有腋毛？

在10~18岁，你从儿童逐渐变成了成年人。也就是说，你到了青春期，获得了生育的能力。

从青春期开始，生殖腺（女孩儿的卵巢、男孩儿的睾丸）开始分泌性激素。这些激素给身体带来巨大的变化：生长加快，脸上冒出青春痘，手臂和阴部长出毛发。

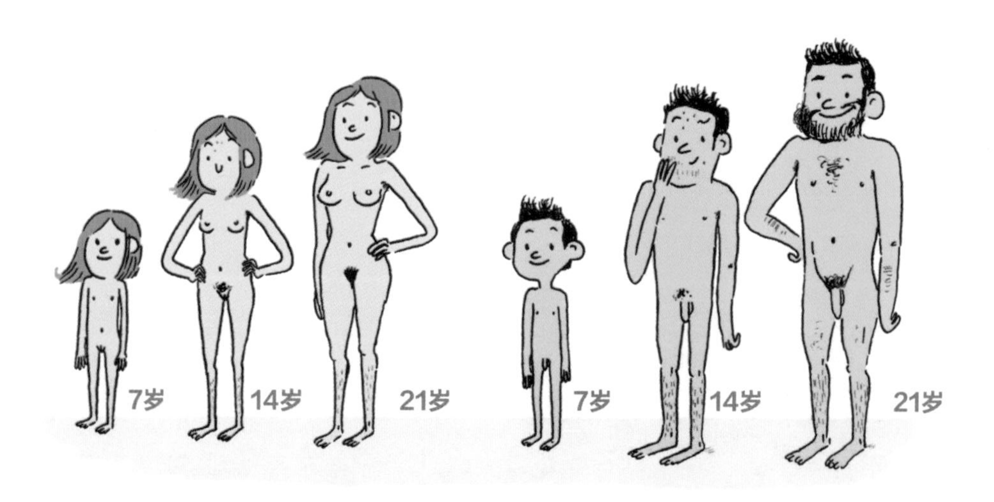

女孩儿开始有**月经***。这是卵巢开始工作的信号，它每个月都要排出一颗**卵子***（女性生殖细胞）。男孩儿的睾丸开始产生**精子***（男性生殖细胞）。从此以后，男孩儿和女孩儿在生理上就具备了生宝宝的能力。

你知道吗？

女孩儿的青春期从10岁左右开始，男孩儿则开始于11～12岁。女孩儿的青春期在14岁左右结束，男孩儿的青春期则在16~18岁结束。

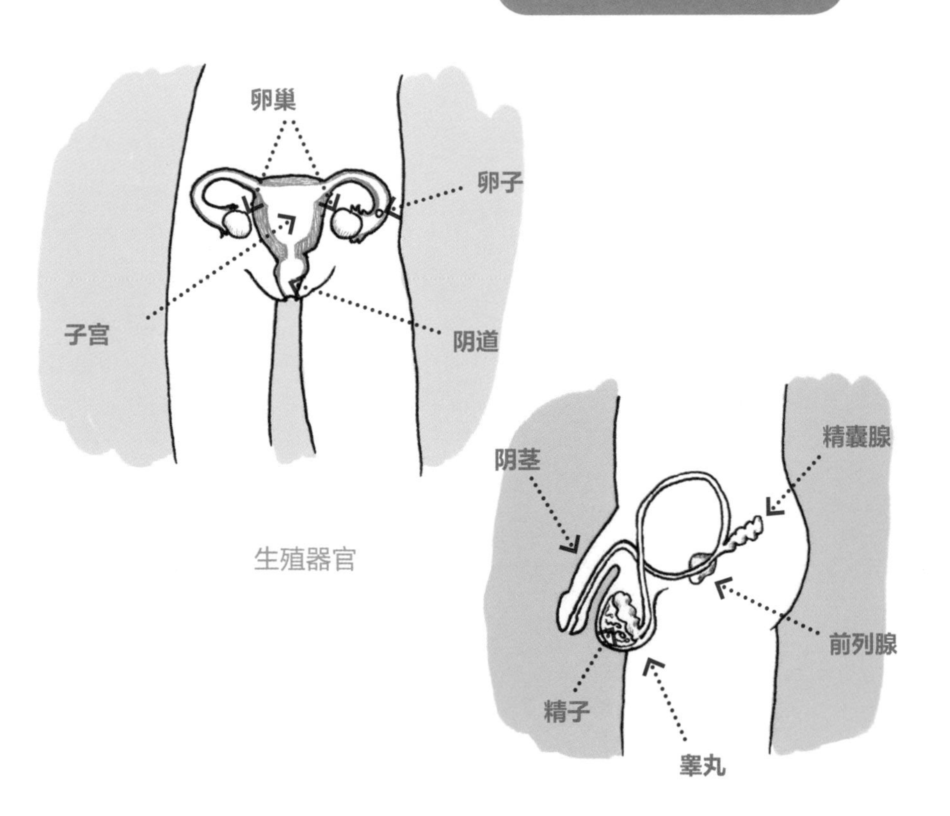

生殖器官

小宝宝是从哪儿来的？

男孩儿不是从卷心菜里长出来的，女孩儿也不是从玫瑰花里长出来的！小宝宝是在男人和女人的生殖细胞相遇之后才有的。

男人和女人相爱了。男人将精子留在女人的身体里。如果精子遇到了卵子，它们就会结合在一起，形成一个细胞，也就是受精卵。这个过程叫作受精*。

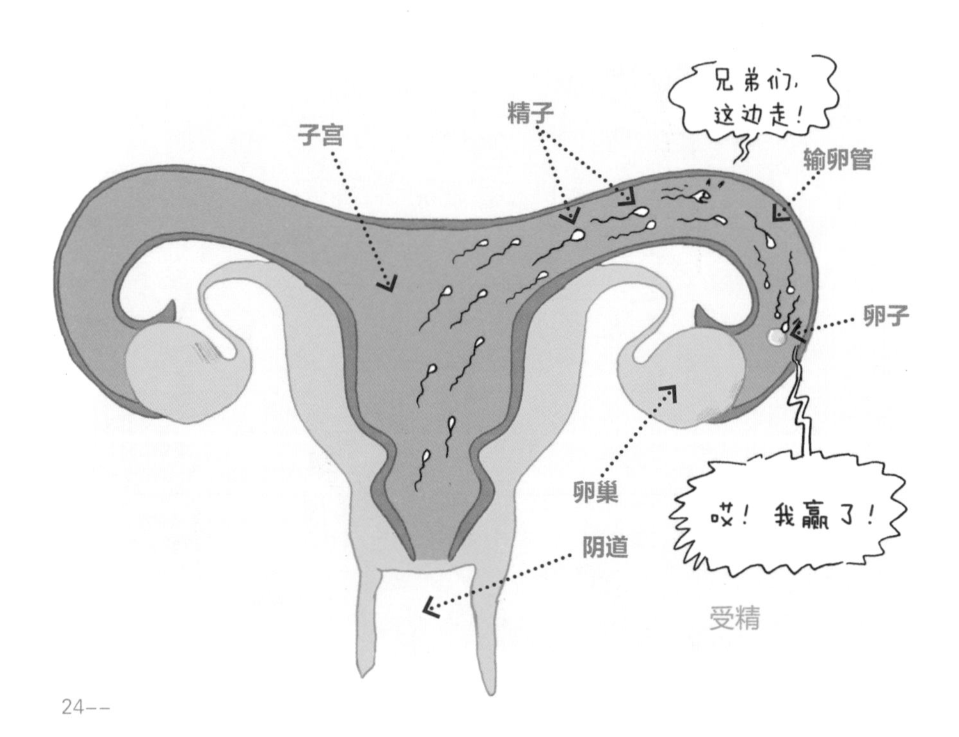

受精

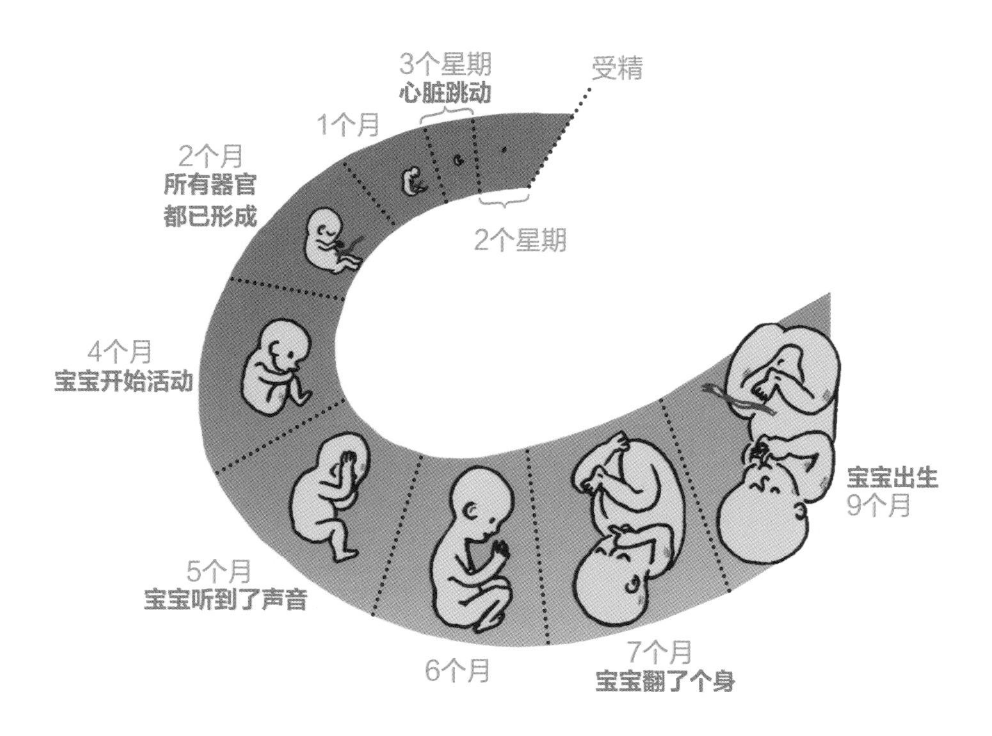

受精卵紧紧贴在女人的子宫内侧。它先是分为两个（细胞），然后分成四个、八个，以此类推，直到形成组成胚胎的数十亿个细胞。这些细胞起初都一样，但后来逐渐分化，形成不同的组织。器官长成以后，胎儿会一直生长到怀孕的第九个月。到那时，他将通过妈妈的阴道出来：这叫作分娩。

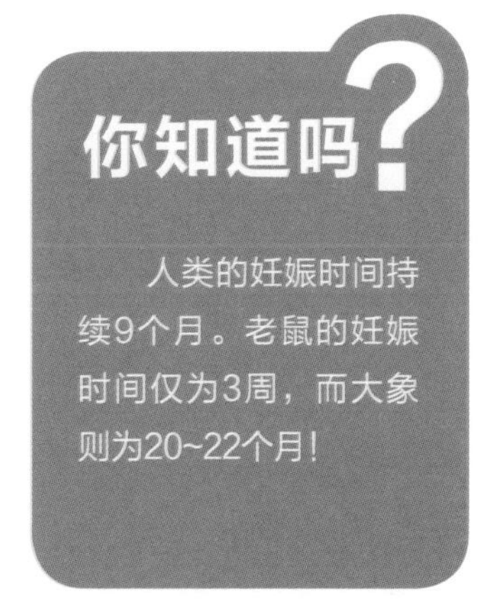

活动

测量脉搏

材料

➪ 秒表或手表

步骤

1 将食指和中指放在颈部（颈动脉通过的地方）或手腕（桡动脉通过的地方），如图所示。然后轻轻按压，感受动脉的搏动。

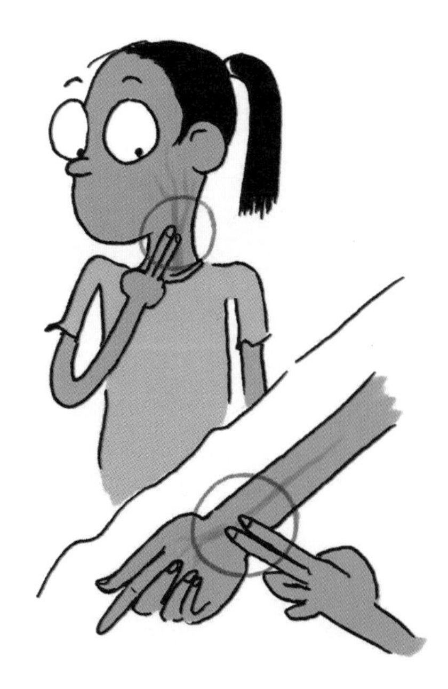

2 当你感觉到脉搏时，按下秒表或观看手表的秒针，并计数30秒。

3 将数字乘以2，就得到了心率，也就是心脏每分钟跳动的次数。你可以分别在起床后、早饭后、跑步5分钟后和睡觉前测量。

原理说明

当你运动的时候，心跳会加速，因为肌肉在不断地收缩和舒张，心脏忙着给它们输送更多的氧气和营养，会跳得更快。停止运动以后，心跳会慢慢放缓，之后逐渐恢复正常。

活动

触觉小测试

材料

- 两枚5角硬币
- 冰箱
- 三个盆或三个碗
- 一只手表
- 水

步骤

重还是轻?

1. 把一枚硬币放在冰箱里，另一枚放在太阳下或者暖气上，等待30分钟。

2. 向后仰头，把两枚硬币放在额头上。

奇怪！两枚硬币明明一模一样，现在却感觉冷的硬币比热的硬币重！

热还是冷?

1 在第一个盆里倒入热水（不要太烫），第二个盆里倒入冷水，第三个盆里倒入温水。

2 把一只手放入热水盆里，另一只手放入冷水盆里，等待一分钟。

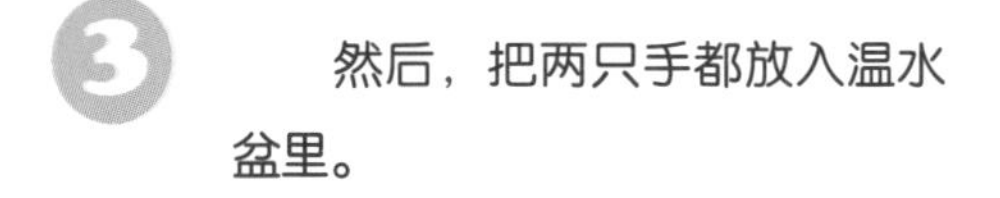

3 然后，把两只手都放入温水盆里。

奇怪！虽然两只手都在同样的温水盆里，却感觉水温不一样！

原理说明

你的皮肤上布满了温度感受器。它们有的对热敏感，有的对冷敏感。当手放在热水里时，热觉感受器对热习以为常，而当手转移到温水里时，这些感受器不再活动，所以你会感觉水冷。对于冷觉感受器来说，情况则恰恰相反。

活动

试试你的反应能力

材料

- ➪一张白色卡纸
- ➪彩笔
- ➪剪刀
- ➪一把尺子

步骤

1. 剪一张28厘米 × 4厘米的纸条。

2. 将纸条平均分成7个部分，然后像画画一样，给每个部分涂上不同的颜色，如图所示。反应计就做好了。

3 请一个朋友捏住红色的部分。将你的拇指和食指放在蓝色位置，就好像你要捏住纸条一样。

4 让你的朋友突然松开纸条，你要尽快抓住它。你抓住的蓝色部分越多，就表明你的反应能力越好。

你们可以轮流试一试！

原理说明

要想抓住纸条，你的双眼必须注意到它是否向下掉落，把信息传送给大脑，大脑对信息进行加工处理后，再向肌肉发送收缩指令。纸条掉落和抓住纸条的时间差取决于你的反应速度。你可以反复练习，提高反应能力。

活动

制作一个肺

材料

- ➪ 一个空塑料瓶
- ➪ 两只气球
- ➪ 一把美工刀
- ➪ 剪刀

步骤

1 请大人帮忙，用美工刀将塑料瓶分成两半。

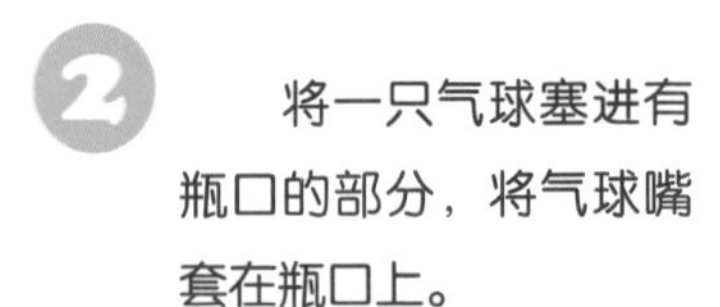

2 将一只气球塞进有瓶口的部分，将气球嘴套在瓶口上。

3 剪开第二个气球，保留下半部分，套在瓶子下面。

4 当你拉下面的气球时，瓶子里的气球开始膨胀。当你松开时，瓶子里的气球开始缩小。

原理说明

你的肺工作时就像瓶子里的气球一样。当膈肌（胸部和腹部之间的肌肉）收缩时，它会下降，肺充满了空气，这就是吸气。当膈肌舒张时，它会向上，肺将空气排出， 这就是呼气。

词汇表

器官：由多种组织构成的结构单位，为身体提供某种功能，如呼吸或行动。

营养：生命维持所必需的物质。主要有六大类：水、碳水化合物、蛋白质、脂肪、维生素和无机盐。

氧气：我们吸入的气体中的一部分。

关节：骨与骨之间的一种连接形式。关节可以分为不动关节、半关节和动关节。

细胞：构成生物体的基本单位，植物和动物都是由细胞构成的。

鼻黏膜：覆盖于鼻子内壁，表面有黏液的组织。

神经元：即神经细胞，是神经系统结构和功能的基本单位，主要存在于大脑和脊髓中。

味道：人类的味觉主要能分辨四种味道：酸、甜、苦和咸。另外还有第五种味道：鲜（即肉的味道）。

二氧化碳：我们呼出的气体中的一部分。

脉搏：人身体表面可触及的动脉搏动，脉搏可以反映心脏跳动的快慢。

激素：腺体分泌的物质，是各个器官的信使。

月经：每个月子宫内膜会周期性增厚，以迎接受精卵的到来，（如果没有发生受精）子宫内膜脱落后，会以流血的形式，通过阴道排出。

卵子：卵巢产生的女性生殖细胞。

精子：睾丸产生的男性生殖细胞。

受精：男性生殖细胞与女性生殖细胞融合的过程，可以创造新生命。

小问题大发现

能量

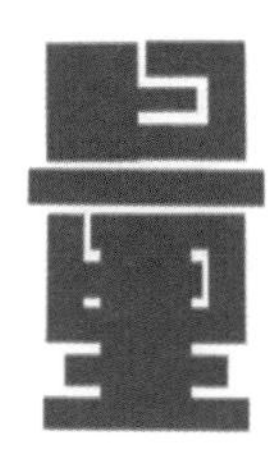

[法]马蒂厄·格鲁松/著　[法]莫德·黎曼/绘
李月敏/译

北京时代华文书局

图书在版编目（CIP）数据

能量 / (法) 马蒂厄 · 格鲁松著 ; (法) 莫德 · 黎曼绘 ;
李月敏译 . -- 北京 : 北京时代华文书局 , 2020.8
（小问题大发现）
ISBN 978-7-5699-3731-2

Ⅰ . ①能… Ⅱ . ①马… ②莫… ③李… Ⅲ . ①能 – 儿童读物 Ⅳ . ① O31-49

中国版本图书馆 CIP 数据核字 (2020) 第 090848 号
北京市版权局著作权合同登记号 图字 :01-2018-8823

Mais d'où vient L'éNERGIE ?
Illustrator: Mathieu GROUSSON
Author: Maud RIEMANN
2018-2019, Gulf stream éditeur
www.gulfstream.fr
This translation edition published by arrangement with Gulf stream éditeur through Weilin BELLINA HU.

小问题大发现　能量
Xiao Wenti Da Faxian　Nengliang

著　　者 | [法] 马蒂厄 · 格鲁松
绘　　者 | [法] 莫德 · 黎曼
译　　者 | 李月敏

出 版 人 | 陈　涛
策划编辑 | 许日春
责任编辑 | 石乃月　王　佳
责任校对 | 张彦翔
装帧设计 | 刘晓辉　迟　稳
责任印制 | 刘　银

出版发行 | 北京时代华文书局 http://www.bjsdsj.com.cn
北京市东城区安定门外大街 138 号皇城国际大厦 A 座 8 楼
邮编：100011　电话：010 - 64267955　64267677
印　　刷 | 湖北长江印务有限公司　0217 - 8382604
（如发现印装质量问题，请与印刷厂联系调换）
开　　本 | 880mm×1230mm　1/32　　印　　张 | 9　　字　　数 | 173 千字
版　　次 | 2020 年 10 月第 1 版　　印　　次 | 2020 年 10 月第 1 次印刷
书　　号 | ISBN 978-7-5699-3731-2
定　　价 | 136.00 元 (全 8 册)

目录

4个活动

提示：活动要注意安全

文中带**星号***的词汇，在词汇表里有详细的解释！

能量是什么？

你看不到它也摸不着它，但是它的影响却无处不在。世界上存在的一切都需要能量才能运转。能量是世界的引擎。

取暖、照明、奔跑、开车、打电话或者烤比萨……所有这些都需要能量。能量可以提供热量、创造运动或运行设备。没有了能量，整个世界将变得冰冷、阴暗，毫无生机。

光、热、运动、**电***……能量以各种形式存在着。电能为你点亮台灯，也能为你打开电视；太阳光能促进植物生长，当木柴在炉子或烟囱里燃烧时也能够产生热量；风能够让风力发电机转动起来；汽油可以让汽车奔驰，煤油可以让飞机航行……

你知道吗？

当你准备跳跃时，肌肉里的能量蓄势待发：这就是**势能***。一旦你开始奔跑，能量便转化为运动：这就是**动能***。

能量从哪里来?

宇宙*自诞生以来，就拥有了和今天一样多的能量。能量既不会减少，也不会增加。但能量会在物质之间流动。

这就是宇宙的基本法则之一：能量既不能被创造，也不能被毁坏，它永恒地转化着，不断地从一个物体传递到另一个物体。比如，当你用弹弓投射一粒石子，你就向它传递了皮筋的能量。石子落地以后，也用它的能量在地上弹出一个洞，同时将土壤变热。

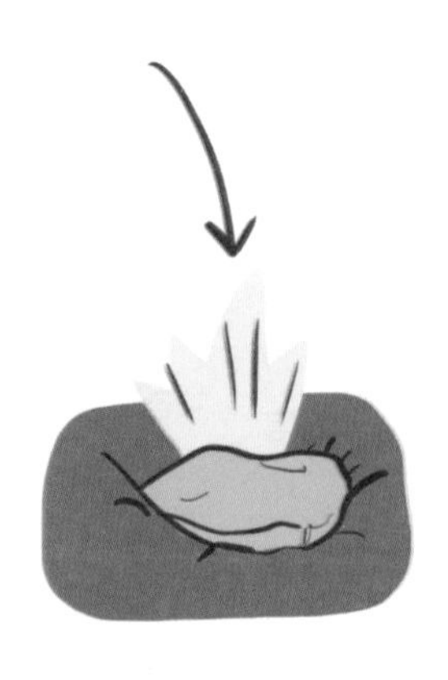

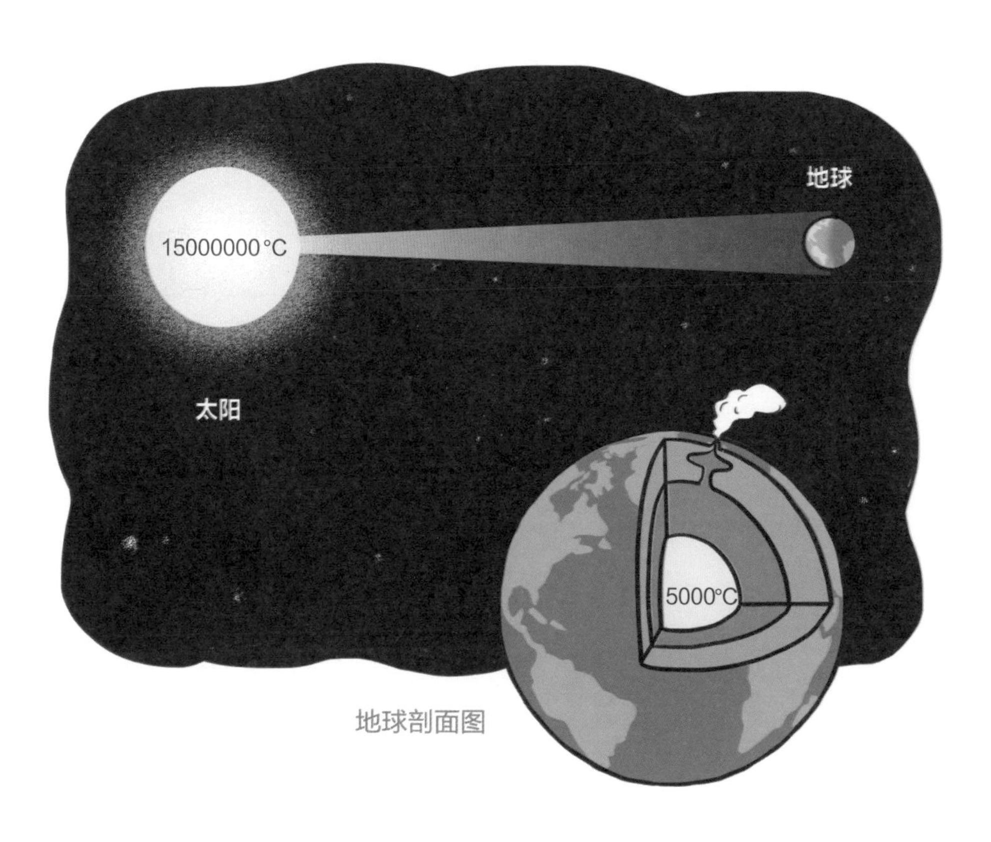

地球剖面图

在地球上，阳光是最主要的能量来源。太阳这个巨大的火球比地球大130万倍，相当于足球之于葡萄籽的大小，太阳中心的温度可达15000000℃！地心也是巨大的能量来源，地心的温度将近5000℃！如果没有这两个能量源，地球的表面将无法居住。

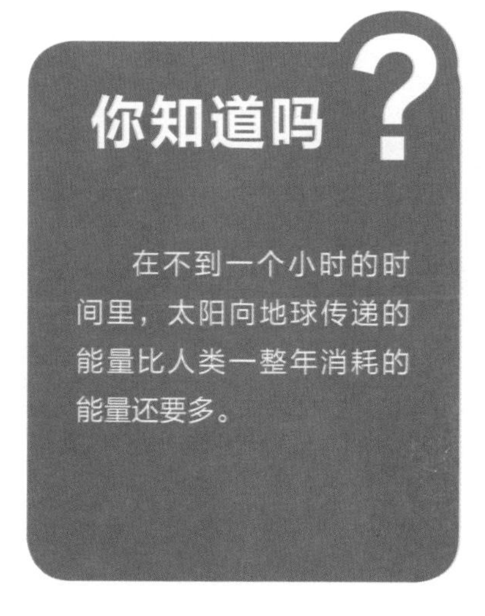

我们的生存需要能量吗?

生命有机体*是一部小型机器，它需要消耗大量的能量，并对能量进行各种形式的转化！

身体的运转需要能量来维持。能量来源于你消耗的食物，它们扮演着燃料的角色。能量让你能够行动，把体温维持在37°C，并且保证你的身体器官正常运转。其中消耗能量最多的器官是大脑，你摄取的能量的四分之一都被大脑吞噬掉了！

能量消耗+++

能量消耗++

能量消耗+

你知道吗?

有些地下微生物既没有阳光照射，也没有食物，它们被称作**极端微生物***。它们直接从它们所依附的岩石上摄取能量。

每个生物都有属于自己的能量来源。动物们有的通过食用其他动物摄取能量，有的通过食用植物。植物则通过阳光获取能量。在阳光的照射下，植物将空气中的二氧化碳转化为营养物质。至于微生物，它们有的像植物一样通过阳光获取能量，有的则像动物一样，食用其他有机物。

我们使用哪些能源？

地球给人类提供了多种多样的能源。有的取之不尽，有的则面临枯竭的危险。

石油、天然气和煤炭这三种能源非常实用，因此得到了广泛的利用。它们被称作**化石能源***。它们深埋于地下，燃烧性能非常好，还便于储存和运输。然而，一旦我们把全世界的储备消耗殆尽，这些能源就完全枯竭了。

风能或太阳能都是取之不尽的能源。人们称之为**可再生能源***。海浪、瀑布、地热等，也都属于可再生能源。同样还有来自植物或动物的原料，它们构成了**生物物质***。比如木头或动物排泄物产生的气体。

你知道吗？

在全世界范围内，可再生能源尚未得到充分开发。但是在冰岛，由于它的水坝和地下火山的热量，它的所有能源都是可再生的。

插座里为什么有电？

电与我们的日常生活密不可分，打开电视、电脑、洗衣机，给汽车或者手机充电……

没电了？快，插上插座！在家里，插座通过电线与**电表***连接起来。电表又连接着为整个社区或整座城市供电的变电站。电在**发电厂***制造出来以后，通过**高压线***到达这里。

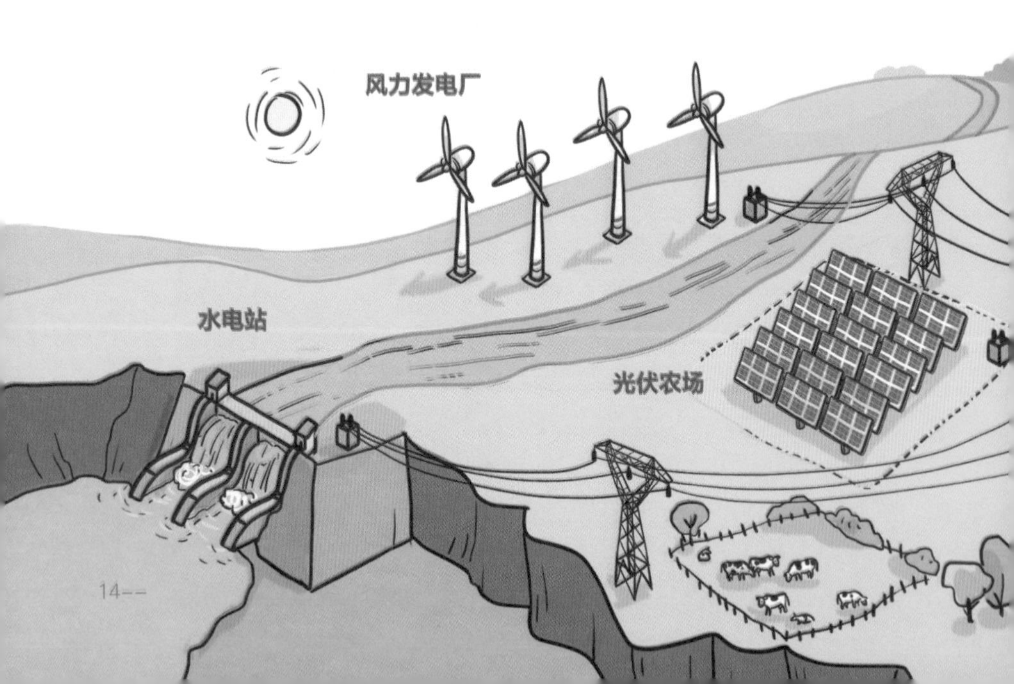

有好几种类型的发电厂：通过烧煤、天然气或其他燃料发电的火力发电厂；利用水的力量发电的水电站；利用潮汐的力量发电的潮汐发电厂；利用**核能***发电的核电站……人们还可以利用太阳能集热器、风力涡轮机或地热来制造能量。

你知道吗？

在发电厂里，无论使用的是什么能源，最终都需要通过转动**涡轮机***发电。（太阳能板除外，它是直接将光能转化为电力。）

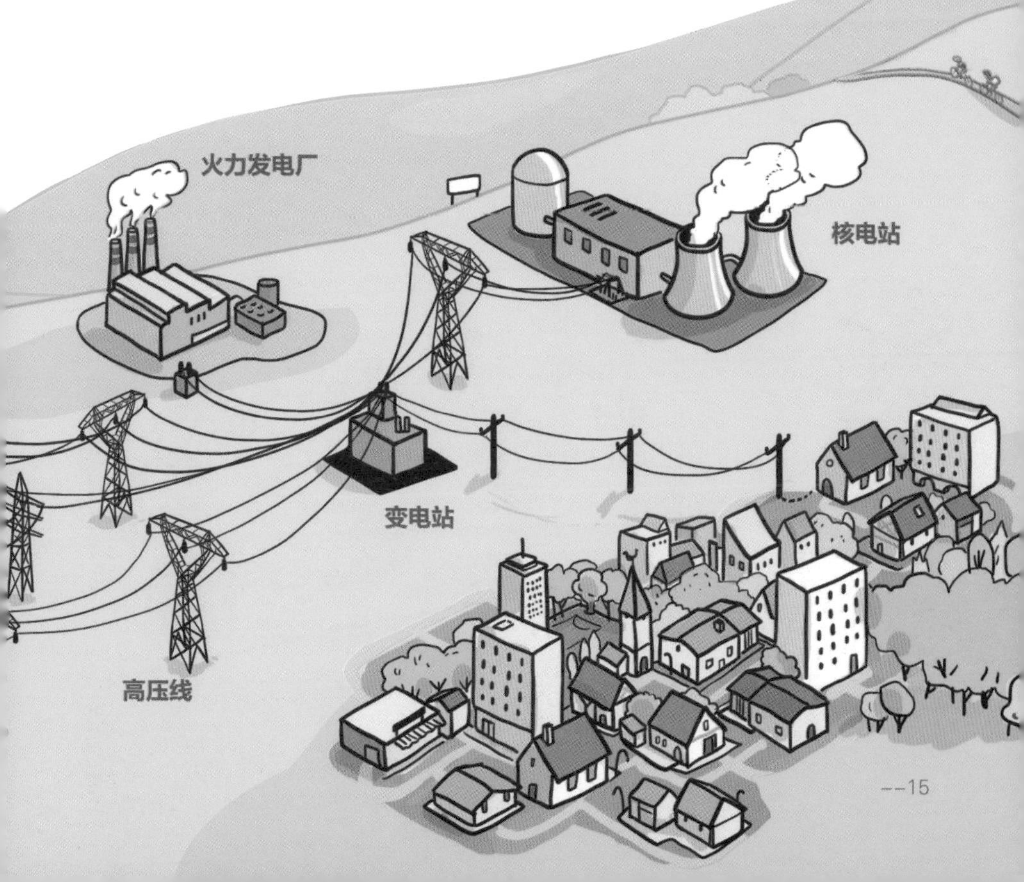

核能是怎么来的？

在法国，四分之三的电力来源于核电。这种能源的秘密就在于物质本身的核心。

物质是由极小的微粒组成的，这种微粒被称为**原子***。如果我们用一个中子轰击一个大原子，这个大原子的原子核会吸收这个中子，然后分裂成两个或更多质量较小的原子核，同时放出2～3个中子。这种反应被称作**裂变***，它可以释放出大量的能量。在一种被称为铀的物质中，每次裂变都会引发其他的裂变，从而形成链条反应。结果是：1克铀蕴含的能量比1千克石油蕴含的能量还要多69倍。

在核电站，铀原子裂变释放出巨大的热量，它可以迅速将水加热，升腾的蒸汽驱动了涡轮机。涡轮机转动起来，便产生了电流，这就像你在骑车时转动车轮，启动了自行车的发电机，产生的电流点亮了车灯。

你知道吗？

核能非常集中，用它制造的炸弹足以摧毁整个城市。但如果用在医学上，它可以消除癌细胞，治愈疾病。

我们离得开石油吗?

石油是人类最常使用的能源。但石油储备正日益减少。未来某一天，石油会被用完吗?

汽车奔驰、飞机航行、取暖、发电：我们的生活方式离不开石油。然而，石油是数亿年前地球上的动物和植物分解后形成的，石油的储备是有限的。在大约50年后，石油资源就可能枯竭。

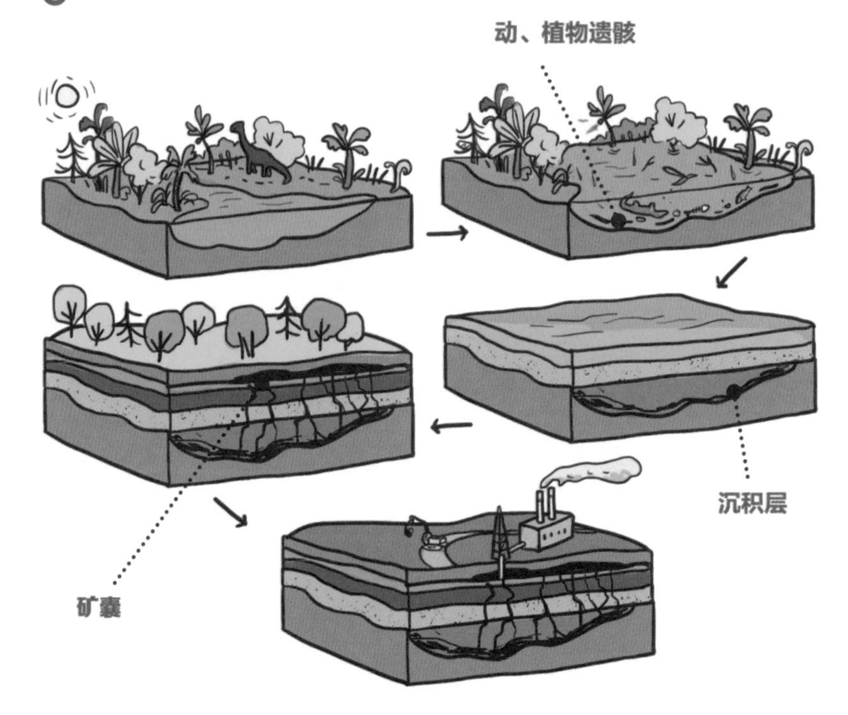

挖掘沥青砂

人们每年都在发现新的石油储备，主要是在海底。此外，技术革新以后，人们可以从已经开发的油矿中提炼更多的石油，尤其是黏稠度比较高的石油，或者混合了沙子的石油。然而，这些新的钻井技术非常昂贵，污染也比较严重。

你知道吗？

5000年前，在美索不达米亚（如今的伊拉克），人们使用石油填充船体和照明。但是第一口油井是1859年在美国开垦的。

我们比以前消耗的能量更多吗？

随着时间的推移，人类几乎征服了所有形式的能量。但是在地球上，依然有数亿人口只能获取非常有限的能量。

以前，所有人都没有暖气、电力或自来水。而如今你能想象没有汽车、没有电灯或没有电脑的日子吗？有一件事可以确定，现代生活是非常**耗能的***。有证据表明，40年来，全世界消耗的能量翻了两番。

你知道吗？

据估计，人类在7个月的时间里就能消耗完地球需要用12个月的时间才能生产的资源，尤其是能源。换句话说，我们在寅吃卯粮。

在地球上，并非所有人都过上了舒适的现代生活。一些国家比其他国家消耗更多的能量。比如，一个美国人消耗的能量是一个法国人的两倍，是一个孟加拉人的28倍。单单美国一个国家就消耗了全球生产的能量的四分之一。与之相反的是，整个非洲大陆只消耗了极小一部分能量。

能源会造成污染吗？

取暖，照明，快速地抵达远方……能源为我们提供了许多便利，但它也是一个备受争议的污染源。

石油、煤炭、天然气……人们使用这些能源后，将灰尘和有害气体排放到空气里，每年导致全世界上百万人丧失生命。此外，石油运输也会导致石油泄漏，海洋大面积污染，进而毁坏了动、植物的生态。最后，核能是非常危险的放射性核废料的来源，而人们还没有找到合理的处理办法。

当我们燃烧石油、煤炭或天然气时，一种被称作二氧化碳的气体被排放到了空中。然而，二氧化碳能够把阳光的温度留在地球上，导致**温室效应***产生。因此，大气层中的二氧化碳含量越高，地球的温度就越高。气候变暖已经引发了干旱、飓风和洪水。

你知道吗？

全球变暖导致了南极、格陵兰岛以及一些冰川的冰雪融化。结果，海平面上升，到21世纪末，一些岛屿可能会消失不见。

如何
节约能源？

为了持久地享受能源带来的好处，我们需要开发可再生能源，同时降低对能源的消耗。

为了节约能源，我们需要加强使用可再生能源，如太阳能和风能。这些能源可以无限制地使用，而且不会像化石能源（石油）那样造成污染，更不会加剧气候变暖。

所有人都应该行动起来！关掉不用的电灯，刷牙时关掉水龙头，或者进行垃圾分类，更好地回收利用。

你知道吗？

科学家正在研发能够将引擎、住宅或人体散发的热量转化为电力的设备，从这种巨大的、从未开发过的资源中获取能量。

活动

利用温室效应做一个太阳能烤箱

材料

- 一个罐头盒
- 一管黑色丙烯颜料
- 一把刷子
- 铝箔
- 一块长方形有机玻璃（足够盖住罐头盒的开口）
- 一面镜子
- 一个鸡蛋

步骤

1 将罐头盒的外面涂黑。

2 在罐子里面铺上一层铝箔。

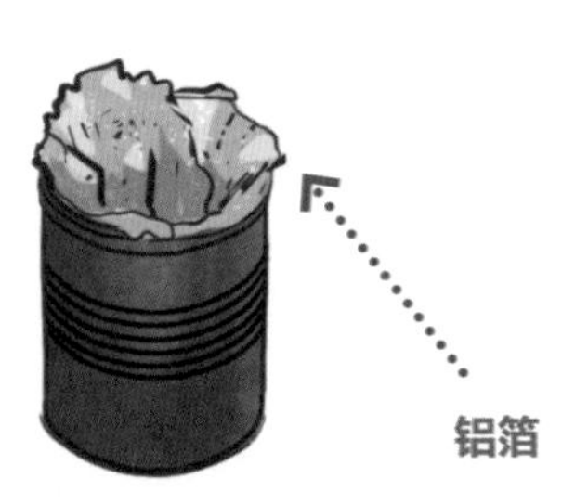

3 选择一个光线充足的地方。在地上挖一个洞，深度足以放下罐头盒。把罐头盒四周的缝隙用土填满，注意不要让土掉进里面。

埋到土里的罐头盒

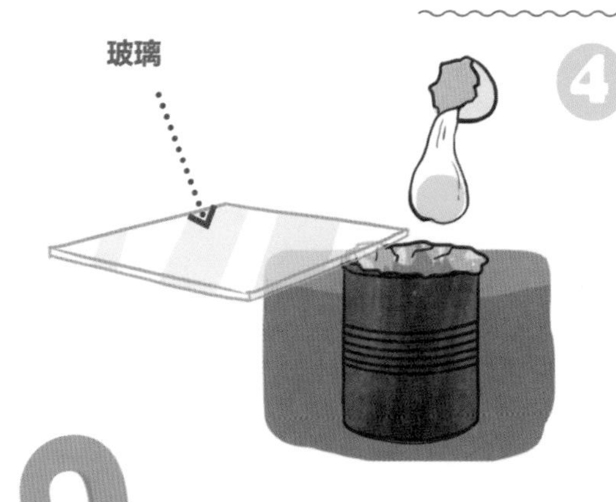

4 打一只鸡蛋，把蛋液放进罐头盒里，盖上玻璃。耐心观察发生了什么。你还可以拿一面镜子，将更多的光线聚焦到罐头盒里来加快速度。

原理说明

这个实验的目的是将热量集中到烤箱里，不让它流失。因此，罐头盒上面的玻璃可以让光线透进来，并阻止它散发出去，就像在温室里一样。此外，你还用镜子收集了更多本来不会照进罐头盒里的光线。

活动

做一个风车，来引导风能

材料

- ➪ 一张A4纸
- ➪ 一个塑料瓶
- ➪ 一根木扦
- ➪ 两个回形针
- ➪ 绳子（10厘米）
- ➪ 一个衣夹
- ➪ 胶带
- ➪ 剪刀

步骤

1. 在A4纸上裁一个边长为20厘米的正方形。画出两条对角线，标出它们的交点。

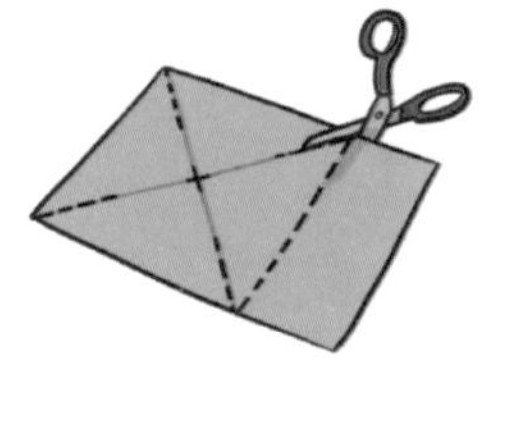

2. 在对角线上距离四个角为10厘米的位置分别做四个标记，然后沿着对角线一直裁到标记的位置。

3. 将裁好的角（每隔一个）向中心点折叠，依次放好，用木扦穿进来。你的风车就做好了。当你转动木扦的时候，风车也随着转动。

4 剪掉塑料瓶的上半部分。

5 把回形针两两相对固定在塑料瓶的边缘，然后把装着风车的木扦穿进去。

6 用夹子夹住绳子的一端，另一端用胶带固定在木扦的中间位置。

7 吹气并观察。你还可以使用吹风机来提高这个装置的性能。

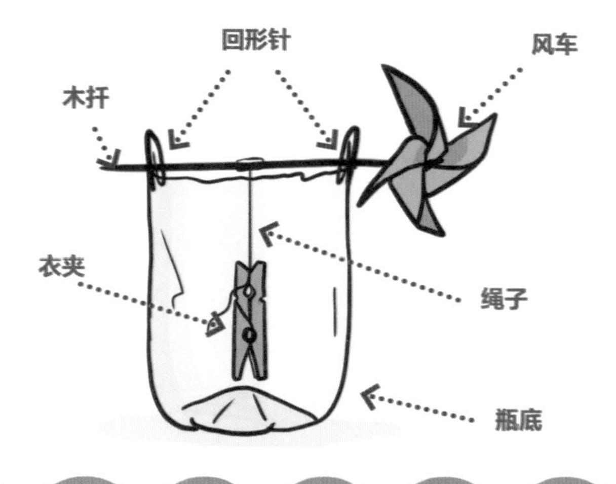

原理说明

风是一种机械能。要使用它，就必须加以引导。风车在转动的过程中能够捕获一部分能量。这种升降装置能够将叶片的转动转化为一种向上的垂直运动。

活动

制造一辆反应车

材料

- 一个10厘米×20厘米的长方形纸板
- 一个大的空火柴盒
- 四个一模一样的塑料瓶盖
- 两根木扦
- 两根硬吸管
- 一个气球
- 胶带
- 强力胶水
- 一支圆珠笔杆

步骤

1. 把空火柴盒粘在长方形纸板上。

2. 用两截10厘米长的吸管做车轴，用胶带粘在纸板下面。把木扦从吸管里插进去，木扦的两端分别插进塑料瓶盖里，当作车轮。

3 把圆珠笔杆插进气球嘴里2厘米，用胶带固定。

4 把圆珠笔杆放在火柴盒上，用胶带固定。气球应该垂在纸板上，圆珠笔杆应该伸出去几厘米。

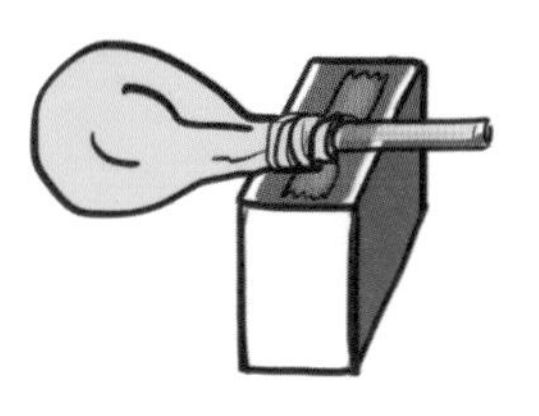

5 通过圆珠笔杆把气球吹起来，然后松开……汽车出发喽！

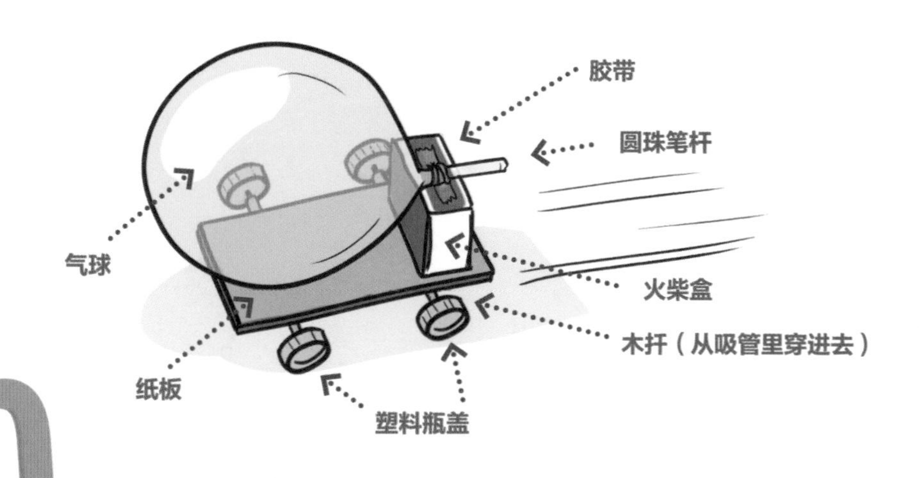

原理说明

在气球的压力下，空气迫不及待地想要出来，却被堵住了。它充满了能量，但这种能量还未被使用。我们把它叫作潜能。一旦气球被打开，空气就会迅速释放出来，汽车开始移动。气球里的潜能转化为动能。

活动

制造一台发电机

材料

- 三块磁性强大的圆形小磁铁
- 一节圆柱形1.5伏电池
- 铜丝：50厘米长
- 剪刀

步骤

1. 把三枚磁铁叠放起来，然后把电池放在上面，正极冲着磁铁。

2. 剪一段50厘米长的铜丝，拗成心形，末端不要封闭，把它放在电池上方（接着负极）。

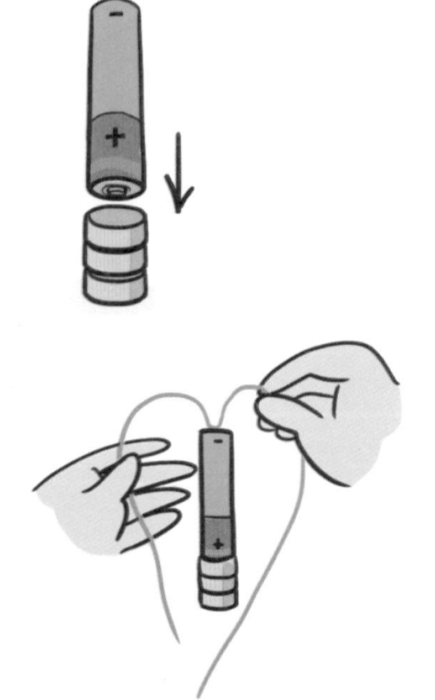

3 把铜丝的两端缠绕在第二块磁铁上，一端向左，一端向右，不用缠绕太紧，形成一个既不接触磁铁也不碰桌子的小圆环。会发生什么情况？心形开始转圈圈啦！

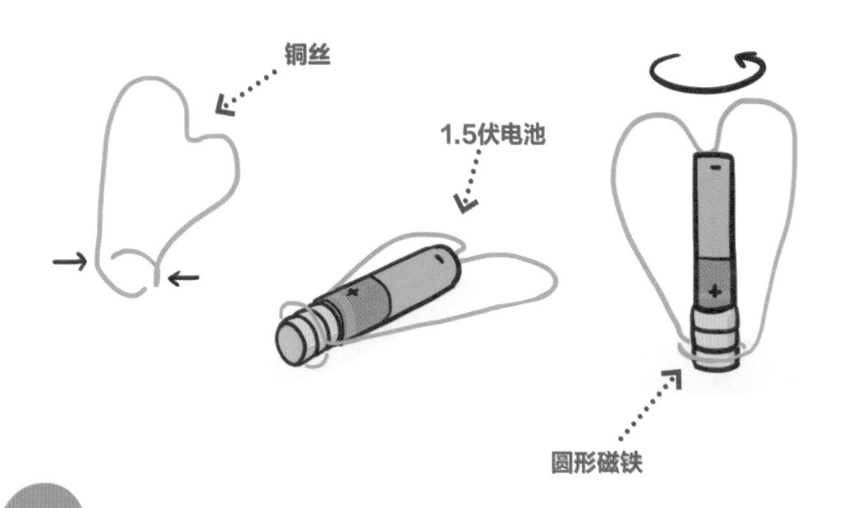

原理说明

当铜丝被放在电池的两端时，电荷、电子在铜丝里移动。此外，电池下面的磁铁在它周围形成了磁场。物理定理表明，在磁场里移动的电荷受到一种压力，正是这种压力让铜丝转动起来。

词汇表

电：构成物质的基本粒子所携带的一种能量。在电线里，电是通过电子传输的。

势能：物质（木头、石油、即将坠落的石头等）里蕴含的一种能量，但还没有被使用，还没有产生热量或运动。

动能：物体（身体、汽车、滚石等）通过运动获取的一种能量。速度越快，动能越大。

宇宙：宇宙里包含了所有存在的一切：你、地球、行星、恒星、星系……宇宙诞生于137亿年前，人们还不知道它的边界在哪里。

生命有机体：一个能够进食、繁殖并随着时间进化的实体（动物、植物、微生物等）。

极端微生物：能在对于大多数生物来说致命的环境下生存的微生物。

化石能源：石油、煤炭或天然气都是化石能源，它们是几亿年前生物死亡分解后形成的能源。

可再生能源：如果一种能源在地球上的数量是无限的，那么它就是可再生能源。比如风、阳光。

生物物质：来源于植物或动物的有机物质，可以当作能源使用。木柴就是一种生物物质。

电表：在一个特定地点测量使用的电量的装置。任何一座房屋，包括你家，都有一个电表。

发电厂：使用各种能源（比如铀和煤炭）制造电力的工厂。

高压线：我们通常在户外看到的电缆，它可以向离发电厂很远的地方输送电力。

核能：构成物质的原子都有一个原子核，电子围绕它转动。强大的核能就在原子核里。

涡轮机：一种通过液体或气体的动能发动一整套机械设备的装置。

原子：原子是物质的基本构成单位。在任何形式下，物质都是许多原子的集合。

裂变：用一个速度非常快的中子轰炸一个大原子时，这个大原子的原子核会吸收这个中子，然后分裂成两个或更多质量较小的原子核，同时放出2~3个中子。人们把这种反应称为裂变。

变压器：一种能够在电力的制造地点（电压很高）和使用地点之间降低电流压力的设备。

耗能的：用来指非常消耗能量的东西。

温室效应：一种让全球温度升高的自然现象。大气层让太阳光照到地球表面，却保留了地表发射的红外线。

小问题大发现

史前人类

[法]让-马克·利奥/著　[法]本杰明·勒佛尔/绘
李月敏/译

北京时代华文书局

图书在版编目（CIP）数据

史前人类 / (法) 让 - 马克 · 利奥著 ; (法) 本杰明 · 勒佛尔绘 ;
李月敏译 . -- 北京 : 北京时代华文书局 , 2020.8
（小问题大发现）
ISBN 978-7-5699-3731-2

Ⅰ . ①史… Ⅱ . ①让… ②本… ③李… Ⅲ . ①古人类学－儿童读物 Ⅳ . ① Q981-49

中国版本图书馆 CIP 数据核字 (2020) 第 090952 号
北京市版权局著作权合同登记号 图字 :01-2018-8823

Comment les HOMMES PRéHISTORIQUES vivaient-ils ?
Illustrator:Jean-Marc RIO
Author: Benjamin LEFORT
2018-2019, Gulf stream éditeur
www.gulfstream.fr
This translation edition published by arrangement with Gulf stream éditeur through Weilin BELLINA HU.

小问题大发现　史前人类
Xiao Wenti Da Faxian　Shiqian Renlei

著　　者 | [法] 让 - 马克 · 利奥
绘　　者 | [法] 本杰明 · 勒佛尔
译　　者 | 李月敏

出 版 人 | 陈　涛
策划编辑 | 许日春
责任编辑 | 石乃月　王　佳
责任校对 | 张彦翔
装帧设计 | 刘晓辉　迟　稳
责任印制 | 刘　银

出版发行 | 北京时代华文书局 http://www.bjsdsj.com.cn
北京市东城区安定门外大街 138 号皇城国际大厦 A 座 8 楼
邮编：100011　电话：010 - 64267955　64267677
印　　刷 | 湖北长江印务有限公司　0217 - 8382604
（如发现印装质量问题，请与印刷厂联系调换）
开　　本 | 880mm×1230mm　1/32　　印　　张 | 9　　字　　数 | 173 千字
版　　次 | 2020 年 10 月第 1 版　　印　　次 | 2020 年 10 月第 1 次印刷
书　　号 | ISBN 978-7-5699-3731-2
定　　价 | 136.00 元 (全 8 册)

目录

3个活动

提示：活动要注意安全

文中带星号*的词汇，在词汇表里有详细的解释！

人是猴子变的吗？

不，人不是猴子变的，因为人就是猿猴，甚至是一只大型人猿！我们和黑猩猩是表亲，在大约700万年前，我们曾经有过共同的祖先。

在很长一段时间里，把人视为动物这件事还是超乎想象的。如今我们知道，我们都属于**人科动物***，也就是猿类家族的一员。尽管外表上存在差异，但我们在本质上是相似的。我们有的完全掌握了用**双足行走***的技能，有的只掌握了一部分，另外，我们都是社交动物：我们喜欢群居的生活。

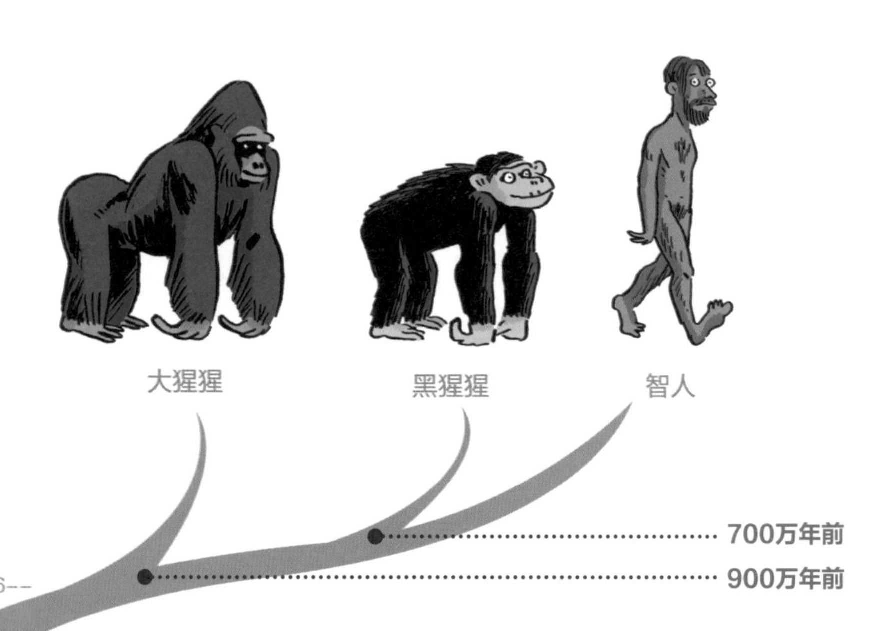

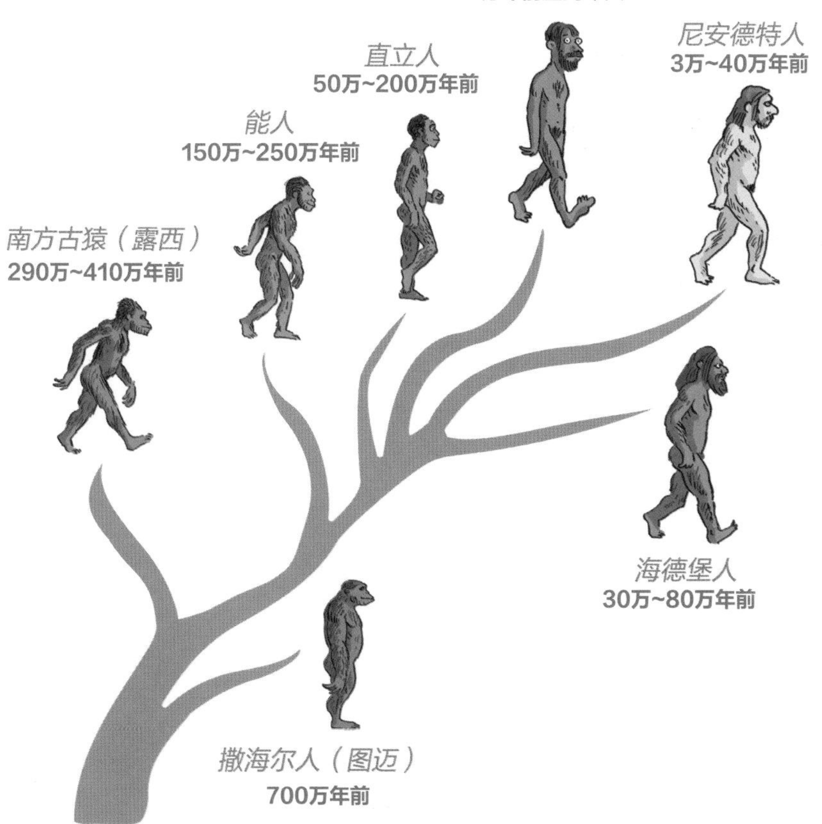

我们**人类***拥有好多祖先，他们在时间的长河中都得到了进化。如今我们了解到曾经有过11种祖先，其中包括能人、直立人、尼安德特人，他们中间有好几种曾经共同存在过，而如今的地球上只留下了智人的身影！

你知道吗？

如今，除人类以外的大型类人猿都濒临灭绝。人类的数量已经超过75亿，而它们只有40万！

史前人类是毛茸茸的吗？

毫无疑问，早期人类比今天的我们毛发更加浓密。人类失去毛发，是适应环境所带来的变化。

毛发减少以后便于出汗，降低体温。奔跑的时候，你会感到炎热，出汗可以把热量排出去。对我们远古的祖先来说，没有毛发无疑是一个优势：比如，他们可以在天气炎热的时候打猎，而其他捕食者则要避开炎炎烈日。

人类在失去大部分毛发以后，一旦走出非洲，就需要穿上衣服。第一件衣服是用动物皮毛做的。最初是智人开始做合身的衣服来抵御寒冷。到了史前末期，在**新石器时代***，人类学会用植物和羊毛纱线做的布料缝制衣服。

你知道吗？

虽然个头儿小，但带针眼（穿线的小孔）的针是史前时期的革命性发明。人们用针把皮毛缝在一起，能够更加有效地抵御寒冷。直到今天，针还是保留了最初的样子！

史前人类住在山洞里吗？

早期的人类曾经住在用树枝搭建的临时避难所里。后来，为了更好地适应环境，人类的居住方式发生了变化。

在**旧石器时代***，人类还是**流浪者***，他们漂泊不定，过着迁徙的生活。人们发现了他们各种居所的遗迹：岩石下的藏身处，搭着动物皮毛的小屋或帐篷。只有少数的史前人类会住在山洞里，因为大部分的山洞里面太阴暗又太潮湿，并不适合居住。

到了新石器时代，也就是史前末期，发生了巨大的变化。由于人类开始种植农作物，饲养牲畜，他们也开始住在房子里。他们用木头和泥土建造房屋。早期的村庄就是这样形成的。人类成为**定居者***。

你知道吗？

在新石器时代也可能建造大房子。人们在布列塔尼发现了一座房屋的遗迹，它有100米长！一整个村子的人都可以住在里面，而不仅仅是一个家庭。

史前人类为什么在岩洞里画画？

从旧石器时代开始，智人用画画的方式表达自己的想法，他们有时画在山洞的墙壁上（洞穴壁画），有时画在户外的岩石上（岩画）。

与我们认为的不同，我们很少看到狩猎的场景。史前人类根据季节的冷暖，画下各种动物，但他们从来不画植物和风景。相反，我们倒是发现许多抽象的符号，以及人类的手印。还有一些只有雕刻、没有绘画的岩洞。

你知道吗？

有些画可能是尼安德特人的作品。目前这种假设还不被研究人员所认可。智人可能不是第一个艺术家！也存在其他形式的艺术作品：例如女性小雕像、首饰和工具（比如雕刻的**投矛器***）。

为什么要冒险在如此难以抵达的地方画画？我们目前还不知道。但是画画的人应该有共同的信仰。无论如何，他们都有非常敏锐的观察力，忠实地复制了这些动物的形象！

史前人类吃什么？

我们必须吃饭才能获得能量。在整个史前时期，每种远古人类的饮食需求都不一样，饮食方式也有所不同。

南方古猿的主要食物是草，后来，人类学会了用火，这使得烹饪成为可能，肉食从此占据了重要位置。早期人类还逐渐改善他们的打猎技术，到了旧石器时代末期，他们发明了完善的工具，比如**长矛***和投矛器。

到了新石器时代，饮食方式出现了重大转变，这是一场真正的革命。人类开始饲养动物，喝上了牛奶，还种植谷物（比如小麦）这样的作物。直到今天，我们依然在吃这些食物！

你知道吗？

一个尼安德特人每天要消耗6000千卡的热量，相当于今天一个成年人需求量的两倍！在寒冷的季节里，为了保持活力，尼安德特人必须非常高效地找到食物。

史前人类怎么生火？

火是自然就有的，比如，打雷就可能引起火。人类学会了生火和保存火种。我们知道，人类早在40万年前就已经学会控制火。

使用史前的方法是不能直接生火的。首先需要用石头（**燧石***或像**黄铁矿***一样富含铁的石头）敲击**火绒***，或反复用力摩擦木头。然后，用迸出的火星引燃干草等燃料。这种取火方式并不容易。因此，保存火种非常重要！

火可以照明、取暖、驱赶野兽、把食物煮熟。它也让人类之间的关系更加密切：一个部落的成员围坐在篝火边，讲着故事。另外，在今天，法语“foyer”这个词既是指生火的地方（炉子），也是指一个家庭的成员生活的地方（家）！

你知道吗？

烹饪有可能促进了大脑的发育。它让食物中的营养变得容易消化和吸收。我们的祖先食用煮熟的菜和肉，给大脑补充了更好的营养。

史前人类会说话吗？

说话既不会留下痕迹，也不会留下**化石***！我们必须依靠其他线索，试着确定我们的祖先是从什么时候开始说话的。

许多**古人类学家***认为，口头语言是从直立人阶段开始的，因为，如果没有有效的交流方式，他们制造工具的技术就无法传播。尼安德特人也无疑拥有了清晰的语言。但可惜的是，我们无法知道他们说的是什么语言！

你知道吗？

对于第一批开口说话的人来说，说话是非常有好处的，他们可以更加高效地表达。说话还有助于维护和周围的人的社交关系。试试几个小时不说话，你会发现这太难了！

说话需要具备什么生理条件？它需要足够发达的大脑、肺、**喉***、**咽***、鼻腔和舌头。喉头在婴儿身上位置较高，到成年以后位置下降。在现存的其他类人猿身上，即使到成年以后，它们的喉部依然处于高位。因此，它们很难说话。可以想象，人类的祖先遇到的也是这种情况。

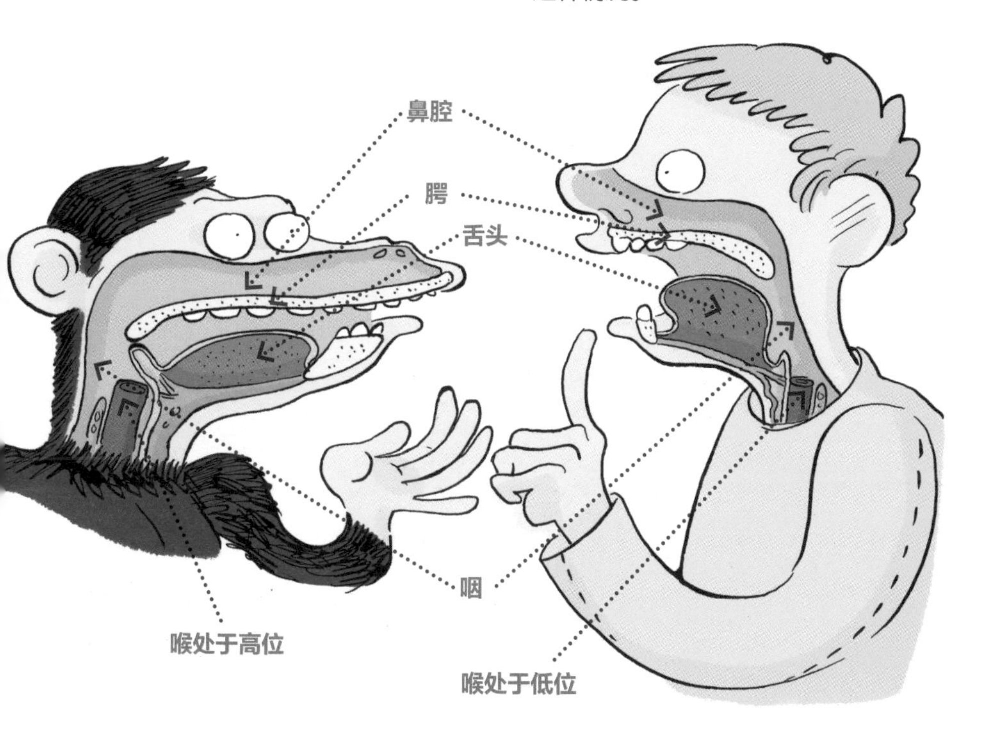

史前人类有信仰吗？

要想知道这个问题的答案，我们要弄清楚人类是从什么时候开始埋葬死者的。把死者埋进土里，意味着在一个人死后继续关照他，这或许是因为人们相信，在死后还有一个生命……

人类发现的最早的坟墓在今天的以色列，可以追溯到10万年前。这些坟墓是智人建造的。在某些墓穴里，人们找到了一些陪伴死者的物品或植物残骸，这表明他所属的部落或家庭对他给予的关照。

在新石器时代，信仰发生了改变，人类在全欧洲建造石头建筑（**巨石***），竖起巨石（**石柱***），建造集体坟墓（**石棚***）。我们不知道这些石柱的具体用途。在卡纳克这样的考古遗址，今天依然有三千多个石柱竖立着。可以想象，这些建筑何等重要！

你知道吗？

墓葬并不是了解史前人类信仰的唯一途径，还有洞穴壁画和小雕塑这样的特殊物品。在德国发现的史前狮子人雕像是其中已知最古老的！

史前人类旅行吗？

自从人类走出了非洲，就一直处于迁徙的状态，直到他们一步一步地占据了整个地球。

人类是在非洲诞生的。在大约200万年前，直立人第一个走出了非洲，他们首先去了亚洲，然后又到了欧洲。史前史就是一部迁徙的历史：人类过着流浪的生活，一生中追随着猎物的脚步，从一个地方迁移到另一个地方。

直立人的迁徙路线

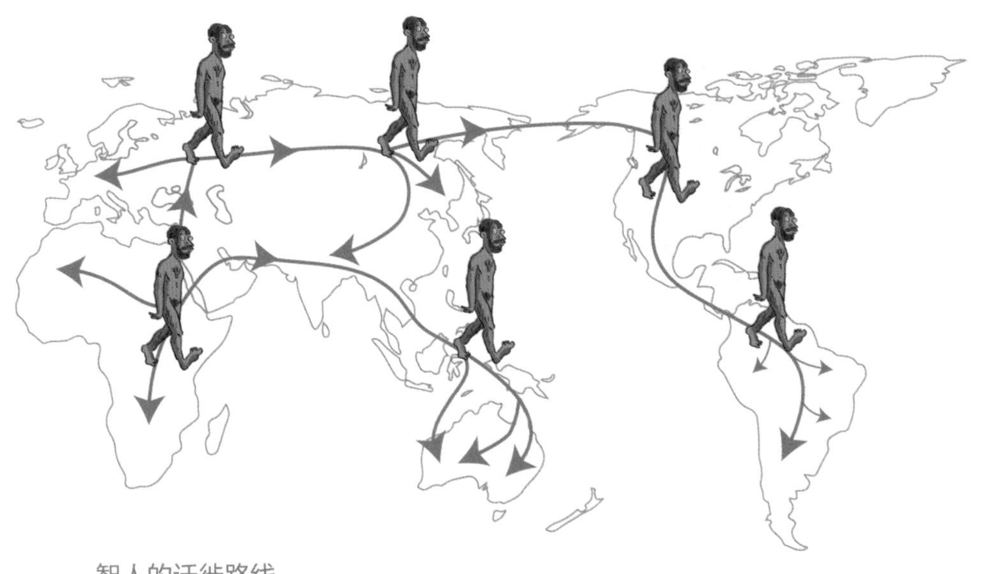

智人的迁徙路线

到了大约15万年前，智人也走出了非洲，他们到达近东以后，遇到了尼安德特人。智人是唯一去过地球上所有大陆的人类物种：他们在五万多年前抵达澳洲，在一万五千年前抵达美洲……又在200年前抵达南极洲！

你知道吗？

今天，除了纯正的非洲人，地球上其他所有人都是智人和尼安德特人相遇后繁衍的子孙后代。

两个族群在近东相遇后，相互通婚，共同繁衍！

我们是怎么知道这一切的？

史前还没有文字。了解祖先生活的唯一方式，就是寻找他们的遗迹。这些遗迹真可谓五花八门！

古人类学家通过化石研究人类的进化，而考古学家研究人类文化留下的物质遗迹。这两者都需要考古挖掘才能找到线索。第一个推定年代的方法是**地层学***：土壤分为好多层，离地表越近的土壤年代越近。挖得越深，就越能追溯到更久远的时代！

考古需要各行各业的专家。孢粉学家研究花粉残留，煤炭学家研究煤炭，动物考古学家研究动物的骨骼，石器考古学家研究石器，陶瓷学家研究陶瓷制品。另外还有许多专家：每一个遗迹都需要许多学科的支持！

当代

现代

没有人类的时期

中世纪

古代

没有人类的时期

新石器时代

旧石器时代

你知道吗？

牙齿能得到很好的保存，它们是骨骼信息的重要来源。因为有了牙齿，古人类学家就能够了解一个人的年龄、饮食习惯，甚至是他儿时生活在哪个地区！

活动

用史前的方式取火

材料

- ➩ 一块2厘米厚的软性木板：柳木、椴木或白杨木
- ➩ 一根直径1厘米的直木棍，相对硬一些
- ➩ 一小撮干草
- ➩ 一块树皮或皮革

步骤

1 请大人帮忙，在木板的一侧刻一个“V”字，然后在“V”字的顶端挖一个凹槽。在木板下面垫一块树皮或皮革来收集火星。

2 轻轻地把木棍的一端削尖，放在挖好的凹槽里，用力压住，在手掌间快速转动，直到冒烟！

3 慢慢把火星从木板上抖落在一小撮干草上，轻轻吹，直到燃起火苗！

原理说明

摩擦可以产生热量和木屑。如果你摩擦得足够用力，热量可以传递到木屑上，形成火星。用这种方法不能直接生火，但可以升起小火苗。这种方法很难控制，摩擦速度要均匀，用在钻头上的力气也要均匀。

活动

像旧石器时代那样画画

材料

- 画布：一大张纸或石头
- 赭石（或彩色颜料、油画棒）
- 一个软木塞
- 一点儿水粉
- 一支旧牙刷
- 少许水

步骤

1 请大人帮忙，用打火机把软木塞烧黑。等它变硬以后，画一匹马。先画出轮廓，然后在里面填满大大的斑点。

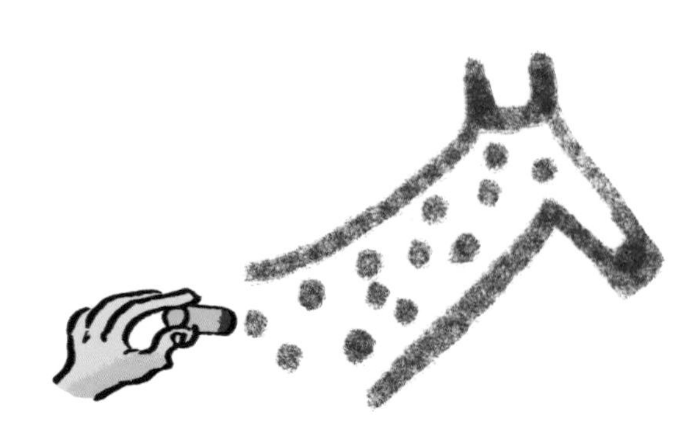

2 现在，我们来做一个手印。建议你用牙刷把水粉洒在手上。

3 现在我们来画一只拉斯科洞穴里的原牛，它是今天的奶牛的祖先。用手把赭石碾碎，然后掺一点儿水。

原理说明

我们对史前人类画画的材料所知甚少，但是他们应该会用木炭、苔藓和用树枝或动物毛发做成的刷子。至于绘画使用的颜色，黑色用的是锰或木炭，棕色、黄色和红色用的是赭石，这种彩色的岩石很容易碾成粉末。

活动

像新石器时代那样做一只陶罐

材料

- ➪ 做陶器用的天然陶土
- ➪ 木切刀（可选）
- ➪ 一小块光滑的鹅卵石（可选）
- ➪ 少许水

步骤

1 把陶土搓成一个乒乓球大小的球。用大拇指在中间按一个洞，在手心里做一个圆圆的陶罐底。

2 用木切刀把边缘削掉，让它的表面平滑规整。喷少许水。

3 再拿一块陶土，搓成长条，绕成一圈放在罐子底上面。然后，你可以拿鹅卵石打磨表面，让它变得平滑。

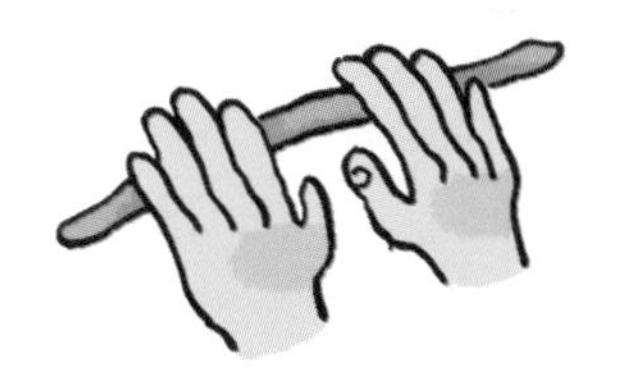

4 再捏一捏碗的边缘（陶罐的侧边）。

5 最后，用木切刀刻一些装饰图案，就像在新石器时代那样！

原理说明

在新石器时代，人类开始过定居的生活，他们在这个时期发明了陶器。陶器经过烧制以后可以盛水。烧制陶器需要很高的温度（超过700°C）。这些陶器的底部都是圆的，在不平的地面也能保持平衡，因为在新石器时代，桌子还没有出现！

了解更多

参观几个遗址

1.周口店遗址

中国旧石器时代的重要遗址。位于北京周口店的龙骨山。是北京猿人和山顶洞人化石的发现地，陆续发现北京猿人化石、打制石器和用火遗迹等新材料，是研究人类发展史和中国原始社会史极其珍贵的资料。现被列入《世界遗产名录》。

2.半坡遗址

中国新石器时代仰韶文化的重要遗址，全国重点文物保护单位，位于陕西省西安市东郊半坡村。出土有大量的石器、骨器、陶器等生产工具和生活工具。彩陶花纹的显著特点是动物形象较多，有人面、鱼、鹿等。

3. 河姆渡遗址

中国新石器时代的重要遗址，全国重点文物保护单位。位于浙江省宁波市余姚市河姆渡村东北。河姆渡遗址出土陶器、石器、骨器以及植物遗存、动物遗骸、木构建筑遗迹等人量珍贵文物；同时发现了大量稻谷遗迹，说明农业已成为当时的主要经济部门。

4. 元谋人遗址

位于云南省元谋县。元谋人化石是中国迄今发现的最早的猿人化石。元谋人遗址的发现，证明了云南高原是人类早期活动的重要地区之一。元谋人遗址出土有剑齿虎、剑齿象等动物化石，打制石器和炭屑等。

5.红山文化遗址

红山文化的社会形态处于母系氏族社会的全盛时期。生产工具中有打制石器、磨制石器和细石器。陶器中有细泥彩陶和带篦纹、划纹的粗陶。玉器有玉龟、玉兽等，以及被考古界誉为红山文化象征的“中华第一龙”——红山文化玉龙。

6.大汶口遗址

位于山东省泰安市岱岳区大汶口镇。大汶口遗址的文化层堆积，历经近2000年的历史，一般认为：早期属于母系氏族社会向父系氏族社会过渡的阶段，中、晚期已进入父系氏族社会。生产工具以磨制石器为主；骨、角、牙器多而精致；陶器早期以红陶为主，晚期灰、黑比例上升，并出现白陶、蛋壳陶。

参观一些博物馆

1. 中国国家博物馆

地址：北京市东城区东长安街16号

2. 中国地质博物馆

地址：北京市西城区西四羊肉胡同15号

3. 中国古动物馆

地址：北京市西城区西直门外大街142号

4. 陕西历史博物馆

地址：陕西省西安市雁塔区小寨东路91号

词汇表

人科动物：包括构成灵长目家族的所有大型类人猿，成员有猩猩、大猩猩、黑猩猩和人。

双足行走：也就是用两条腿走路。在坦桑尼亚的莱托利，人们在火山灰沉积岩上发现了两足动物的大脚印。火山灰测定的年代距今有370万年！

人类：人是一个种类，它包括所有智人和与之相关的化石。最早的人类化石是在非洲发现的一个能人化石，距今约280万年。

新石器时代：从字面意思理解，就是新的石器、磨制石器的时代。继旧石器时代之后，新石器时代是石器时代的最后一个阶段，一个显著的特点就是这个阶段有许许多多的发明和创新，比如农业、畜牧业出现，人类开始定居，建造了第一批房屋，建筑也得到发展（巨石），使用打磨的石器，制陶，等等。

旧石器时代：史前历史的第一个阶段，也是比较长的一个阶段。在这个时期，人类还不会制作食物，他们四处迁徙，靠采摘果实和狩猎为生。旧石器时代从出现能人开始，到1.2万年前冰川世纪末期结束。

流浪者：生活方式漂泊不定的群体。人类的迁徙往往是为了寻找食物。

定居者：日常生活以一个固定的居住地为基础的群体，与流浪民族非常不同。人类在一万年前，于新石器时代开始定居。

投矛器：一个方便投矛的装置。它的样子是一个带钩的棍子，上面往往刻着动物的形象作为装饰，比如马、野山羊、鱼、野牛等。投矛器延长了人的手臂，通过杠杆原理，让投出的矛速度翻倍。我们在欧洲发现了史前末期的投矛器。

长矛：打猎时使用的一种投掷武器，可以直接用手投射，也可以借助投矛器。

燧石：一种非常坚硬的岩石。燧石很常见，它长在白垩土或石灰岩里，形成结核状燧石。

黄铁矿：一种铁矿石。英文名来自

希腊语pyrítēs，意思是“火石”。

火绒：一种引火的材料，用火绒菌制成。火绒菌是生长在树上的一种真菌。

化石：它们是一些保留在沉积物中的动、植物遗骸或遗迹，由于自然界各个阶段的缓慢作用，它们逐渐转化成了石头。

古人类学家：根据不同物种的化石研究人类生活进化的研究人员。

喉：位于喉部的一个呼吸器官，有呼吸、吞咽（吞咽时会关闭呼吸道）的功能。最后，它还能发音，让你能够说话。

咽：呼吸道和消化道的十字路口。

巨石：巨大的石头，由巨石组合而成的建筑称为巨石阵，始于新石器时代，它们完全是靠人力搬动而竖立起来。

石柱：垂直竖立的石头。已知最早的石柱是在西欧发现的，始于新石器时代。我们现在还不了解这些建筑的意义。

石棚：在新石器时代用作坟墓的一种建筑。它的构造是在几块竖立的石头上放一块或几块大石板。最后，在上面放一个石头圆顶（石冢）或用泥土堆成圆顶（坟头）。

地层学：研究土壤各个分层之间年代顺序的学科。这种方法在考古学中得到了广泛应用，它竖立了一个时间的阶梯，人们确定离地表最近的土壤层年代最近。

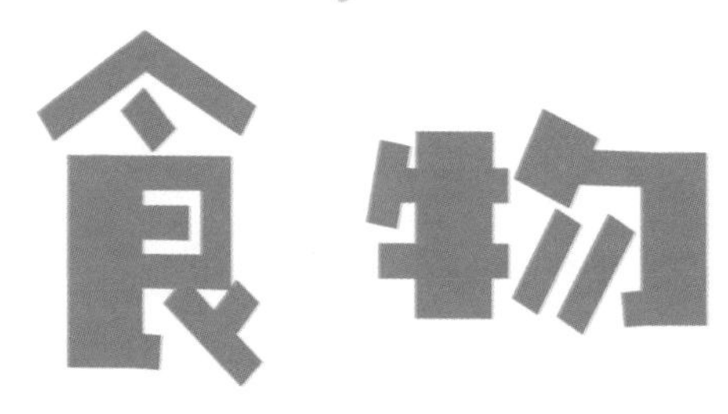

[法]帕特里西娅·拉波特-穆勒/著 [法]玛丽·德·蒙蒂/绘
李月敏/译

北京时代华文书局

图书在版编目（CIP）数据

食物 / (法) 帕特里西娅 · 拉波特 - 穆勒著 ; (法) 玛丽 · 德 · 蒙蒂绘 ;
李月敏译 . -- 北京 : 北京时代华文书局 , 2020.8
（小问题大发现）
ISBN 978-7-5699-3731-2

Ⅰ . ①食… Ⅱ . ①帕… ②玛… ③李… Ⅲ . ①食品－儿童读物 Ⅳ . ① TS2-49

中国版本图书馆 CIP 数据核字 (2020) 第 090860 号
北京市版权局著作权合同登记号 图字 :01-2018-8823

Pourquoi pas plus de BONBONS dans mon ALIMENTATION ?
Illustrator: Patricia LAPORTE-MULLER
Author:Marie DE MONTI
2018-2019, Gulf stream éditeur
www.gulfstream.fr
This translation edition published by arrangement with Gulf stream éditeur through Weilin BELLINA HU.

小问题大发现　食物

Xiao Wenti Da Faxian　Shiwu

著　　者 | [法] 帕特里西娅 · 拉波特 - 穆勒
绘　　者 | [法] 玛丽 · 德 · 蒙蒂
译　　者 | 李月敏

出 版 人 | 陈　涛
策划编辑 | 许日春
责任编辑 | 石乃月　王　佳
责任校对 | 张彦翔
装帧设计 | 刘晓辉　迟　稳
责任印制 | 刘　银

出版发行 | 北京时代华文书局 http://www.bjsdsj.com.cn
北京市东城区安定门外大街 138 号皇城国际大厦 A 座 8 楼
邮编：100011　电话：010 - 64267955　64267677
印　　刷 | 湖北长江印务有限公司　0217 - 8382604
（如发现印装质量问题，请与印刷厂联系调换）
开　　本 | 880mm×1230mm　1/32　　印　　张 | 9　　字　　数 | 173 千字
版　　次 | 2020 年 10 月第 1 版　　印　　次 | 2020 年 10 月第 1 次印刷
书　　号 | ISBN 978-7-5699-3731-2
定　　价 | 136.00 元 (全 8 册)

目录

10个问题

提示：活动要注意安全

文中带**星号***的词汇，在词汇表里有详细的解释！

我们为什么每天都要吃饭？

就像汽车需要加油才能奔跑，我们的身体也需要营养才能正常运转。

有时候，你可能在食堂里什么都没吃，因为那里没有你喜欢吃的菜……那么，当身体缺少营养物质的时候，也就相应地缺少了它所含有的能量。你就有了抛锚的危险。接下来，你很难在课堂上集中精力，也很难在课间休息的时候蹦跳奔跑……

生命中的每一天，你都需要吃饭，给身体提供足够的能量，让它走动、玩耍、思考，同时健康地成长，抵御疾病的侵袭。因此，要避免挨饿：记得要**吃饱***哟。

你知道吗？

你的体温通常在37°C上下！这是因为食物给你带来了热量：无论寒暑，食物都能帮助你的身体维持正常的体温。

超市里的食物是从哪儿来的?

超市里的食物多种多样，它们主要来自植物、动物或者矿物。

食物可以分为几大类。第一类来自动物。它们很容易辨认！肉、鱼和蛋都属于这一类。另外，这个家族还包括酸奶和奶酪，它们都是用奶做成的，而奶又来自牛、羊等动物。人们把这些加工后的食品称作加工食品。

第二类来自植物。这其中有水果和蔬菜，也包含所有的谷物。面包是用小麦粉做成的，所以也是植物类食品。那么番茄酱呢？它也是一种**加工食品***，是用加工后的番茄做成的。

你知道吗？

许多食物里都包含水和盐这两种成分，它们通常是被单独分类的。有人说，它们来自**矿物界***，也就是说，它们来自非生物的世界，岩石也是一种非生物。

我们吃的东西到哪里去了？

食物一旦入口，从吞下的那一刻起，就在你的消化器官里开始了漫长的旅程，在这个过程中，它要经历一系列的变化。

食物吞下以后进入消化系统，它由以下几个器官组成：口腔、咽、食道、胃、小肠、大肠、其他器官（唾液腺、胰腺和肝脏等）。虽然食物不从上述的其他器官那里经过，但是它们却扮演着重要的角色：对**消化***起到辅助作用。

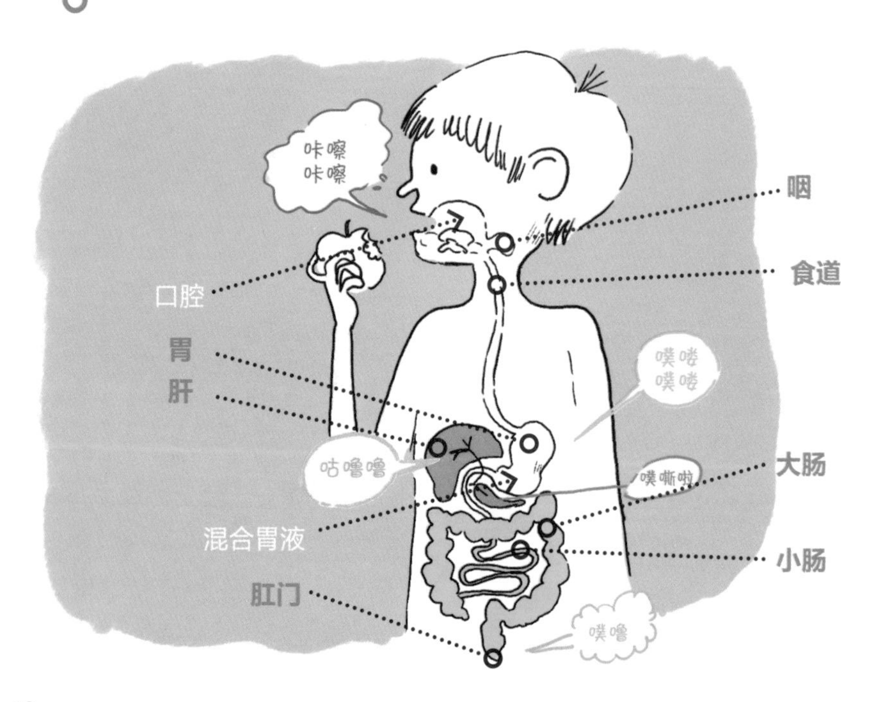

经过消化，食物分解成较小的物质，也就是人们所说的**营养***。这种变化离不开三个动作：牙齿把食物磨碎（咀嚼），磨碎的食物在胃里混合，在**消化液***的作用下，食物变为糊状。

你知道吗？

唾液对口腔中食物的消化起到辅助作用，在你咀嚼食物的时候，混入其中的唾液不仅可以使食物形成“饭团”，还可以将食物中的某些成分变为营养物质。

为什么不能只吃糖果?

为了让你的身体正常运转，保持**均衡饮食***非常重要，因为均衡饮食能为你的身体提供足够的营养。

食物主要分为六大类：谷物、果蔬、乳制品、肉类、油脂和甜品。你什么都要吃一点儿，但这并不是说，每种食物都需要同样的量：比如，你应该吃更多的谷物，而非甜品。

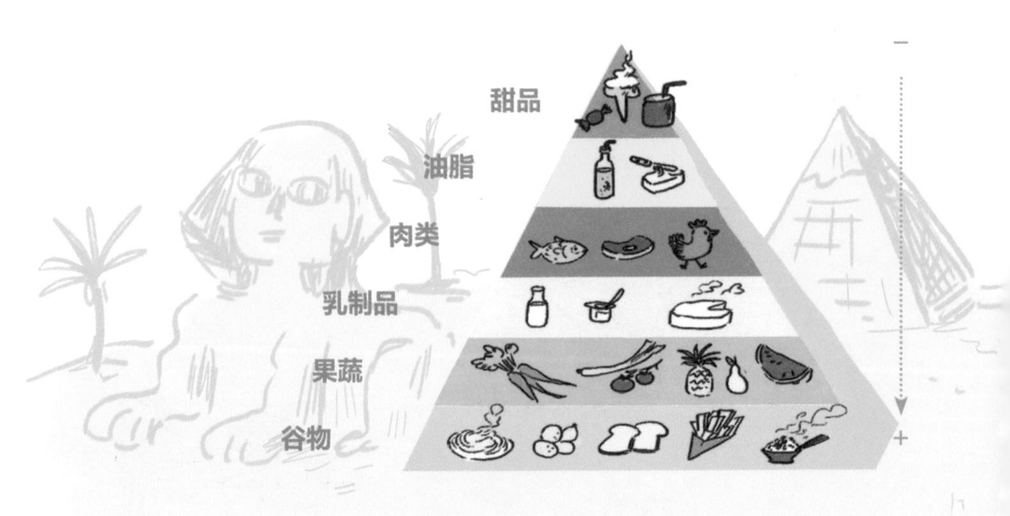

每种食物都很重要，但它们的角色不尽相同。

有些食物有助于你成长，比如肉、蛋、鱼、乳制品。有些食物为你提供能量，比如谷物、油脂、甜品。而果蔬能帮助你保持身体健康。

你知道吗？

人的身体里一半以上都是水。为了补充身体所需的水和矿物质，我们需要时常饮用各种不含糖的饮品。

为什么婴儿只需要喝奶？

在你的一生中，你的**基本饮食需求***会随着年龄的增加以及活动量的变化而发生变化，以便向身体提供它所需要的能量。

令人惊讶的是，婴儿比成年人需要更多的能量。其实这很正常，因为他们要成长！只需要给他们喝奶（**母乳***或者**婴儿配方奶***），这是因为这些奶里含有他们成长需要的全部营养物质，并且容易吞咽，况且，他们还没有长牙，没办法吃蔬菜、水果和肉类！

3000 千焦 / 小时

350 千焦 / 小时

310 千焦 / 小时

各种活动所需能量

我们对能量的需求随着活动量的变化而变化。所以，游泳一个小时或去户外骑车所需的能量，肯定要大于（相同时间内）窝在沙发里看漫画，或者端坐在书房里写作业消耗的能量。因此，不要忘了，运动前要好好吃饭。

你知道吗？

我们用千卡（kcal）或千焦（kJ）来表示食物经过消化以后，为我们提供的能量。6~9岁的小朋友每天需要摄入1600~2100千卡的能量。

便便里有什么？

经过消化，身体吸收了它所需要的营养物质，而食物中那些它不需要的物质，就形成了便便。

消化吸收后的所有残余物质最后都来到大肠，它们包括身体不需要的食物残渣，**肠道菌群***中的细菌以及肝脏、胰腺或肠道的分泌物。我们将这些残余物质统称为粪便，当你大便的时候，它们会通过肛门排出来。

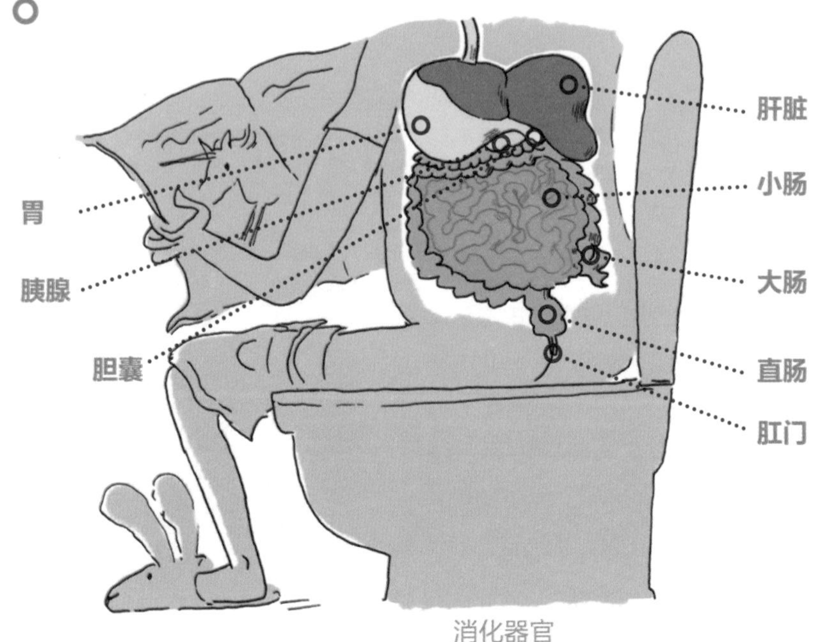

消化器官

那么，小便又是什么呢？小便也被称为尿液，是肾脏过滤血液后产生的一种液体，储存在膀胱里并通过尿道排出。小便里有身体产生的代谢废物，以及喝水吃饭时摄入的但身体不需要的水分。

你知道吗？

你的便便是棕黄色的，那是因为食物残渣在进入小肠以后，与粪胆素混在了一起。粪胆素是深棕色的，随肝脏分泌的胆汁一起进入了肠道。

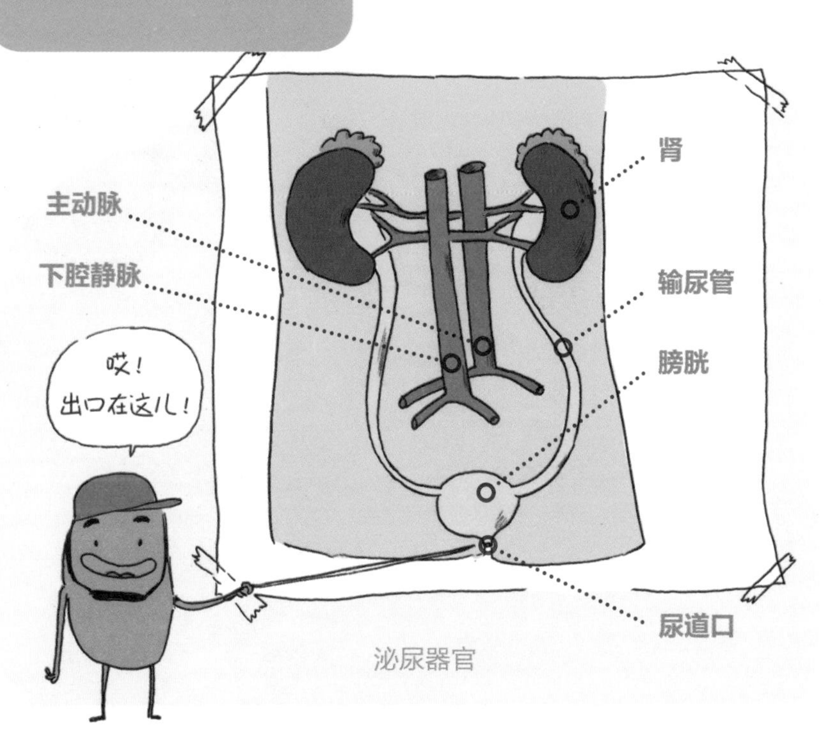

泌尿器官

为什么有人不喜欢吃卷心菜？

你喜欢巧克力，却讨厌卷心菜。你喜欢牛奶，却受不了奶酪。这没什么稀奇的，饮食也要看口味。

通常，你只要将食物放到嘴里，就立刻知道你是不是喜欢它。这很正常：舌头决定了这一切！

舌头对于感知味觉非常重要，事实上，你的舌头上覆盖了近万个味蕾。它们就像小型传感器，向大脑发送有关你喜欢什么和不喜欢什么的信息。

你的味蕾能够识别四种主要的**味道***，它们在舌头上各自有着不同的位置：舌尖对甜味很敏感；舌头两侧对咸味和酸味敏感；舌根对苦味很敏感。

你知道吗？

通过训练，你可以喜欢上一些你曾经不喜欢的味道。比如，你可以每天减少一点儿热巧克力里糖的分量，逐渐喜欢上巧克力的苦味。

为什么有人不能吃花生？

有些人在饮食上有禁忌，因为他们对某些食物过敏*，他们的身体不能耐受某些食物。

如果一个人对某种食物过敏，他的身体就会把这种食物当作敌人，想方设法要摆脱它。这场战斗会引起奇怪的反应，有的轻微，比如刺痛、皮肤发红、腹泻；有的很严重，比如呼吸困难、神志不清。

我们把身体视为敌人的食物叫作**食物过敏原***。导致过敏的食物有很多，比如花生、牛奶、鸡蛋、海鲜、小麦等。在不同的国家，食物过敏原也是不一样的：比如在日本，最常见的食物过敏原是大米，而在北欧国家，有很多人对鱼过敏。

你知道吗？

1970年以来，食物过敏原的数量增加了八倍。一些人认为，这是由于人们摄入了过多的抗生素，导致了**免疫力***的下降。另一些人则认为这是环境污染造成的。

为什么我们更爱吃米饭？

每个国家的食物选择和饮食方式都有所不同，因为我们的饮食文化很不一样。

亚洲人多以水稻为主食，欧洲人多以小麦为主食，非洲人则以木薯为主食。这种不同是由许多原因造成的，比如气候、各国粮食的产量、祖辈传下来的饮食习惯，还有不同地区或个人的饮食禁忌等。

地中海饮食

冲绳饮食

你知道吗？

你听说过有人吃虫子吗？这里说的主要是昆虫，是不是很奇怪？其实，这种饮食习惯在许多文化里都存在，在亚洲则更加普遍。

一些特殊的**饮食方式***虽然来自地球上特定的地区，但它们因为有着积极的影响而变得非常著名，人们开始在全世界采用它们。

这里主要指地中海饮食，也称克里特岛饮食，以及源自日本的冲绳饮食。

为什么有的小朋友吃不饱？

在地球上，平均每六个人当中就有一个人吃不饱。也就是说，每天都有6600万小朋友饿着肚子去上学。

如果有和你同龄的小朋友吃不饱，那多半是因为贫穷：他们得不到足够的食物。但贫穷并不是造成饥饿的唯一原因。战争、自然灾害、土地歉收也是造成饥饿的原因之一。

你知道吗？

全世界很大一部分食物最终被丢在了垃圾桶里。

在法国，有将近1000万吨食物都这样白白浪费掉了。

在世界各地，大约有26个国家的人们在挨饿。这些国家大多在非洲和南亚。虽然我们有足够的资源来养活地球上75亿人，但是，当今的食物仍然是一种财富，它并没有很好地得到分配。

“盲人”品尝

材料

- ➪几条围巾
- ➪五个碟子
- ➪四个小杯子
- ➪一根香蕉
- ➪一个奇异果
- ➪一个桃子
- ➪一个苹果
- ➪一个樱桃
- ➪盐
- ➪奶酪
- ➪洋葱片
- ➪面包屑
- ➪酱油
- ➪白砂糖
- ➪面粉
- ➪巧克力

步骤

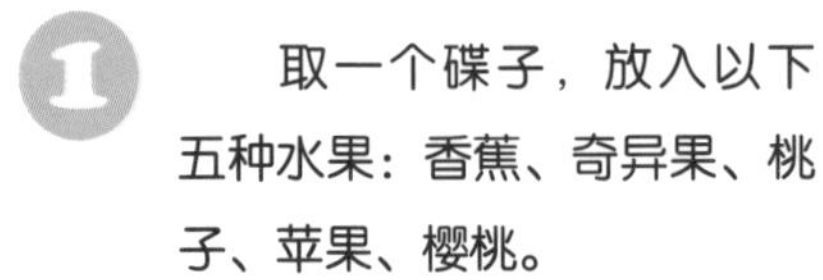

1 取一个碟子，放入以下五种水果：香蕉、奇异果、桃子、苹果、樱桃。

现在来测试触觉：给你的朋友蒙上眼睛，请他用手感知摸到的水果。游戏开始前不要让他看到水果！

2

取四个杯子，分别放入奶酪、洋葱片、面包屑、酱油。

现在来测试嗅觉：给你的朋友蒙上眼睛，请他用鼻子分辨出每个杯子里的东西。

3

取四个小碟子，分别放入白砂糖、面粉、盐和巧克力。

现在来测试味觉：给你的朋友蒙上眼睛，请他品尝每个碟子里的东西。

厨房里的化学

材料

- ➪一个紫甘蓝
- ➪一把菜刀
- ➪一只汤锅
- ➪两个玻璃杯
- ➪白醋
- ➪小苏打

步骤

请在大人的陪同下完成。

1 取一个紫甘蓝，切成小块。在大人的帮助下，将紫甘蓝放入沸水中煮至水变成深红色。

2 准备两个玻璃杯，在每个杯子里倒入四分之三的紫甘蓝汁。然后：

1. 在第一个杯子里倒入一勺白醋；

2. 在第二个杯子里倒入一勺小苏打。

3 观察杯子里的颜色变化。

原理说明

经过混合，倒入白醋的杯子呈红色，倒入小苏打的杯子呈蓝色。这些颜色可以表明液体呈酸性还是碱性。随着酸碱度的不同，紫甘蓝汁的颜色也会发生相应的变化：在酸性溶液里变成红色，在碱性溶液里则变成蓝色。

制作一朵美食花

材料

- 一把剪刀
- 两张白纸
- 一管胶水
- 七张不同颜色的纸

步骤

1. 在白纸上画两个相同大小的圆，剪下来做花心，然后画六个不同颜色的花瓣。

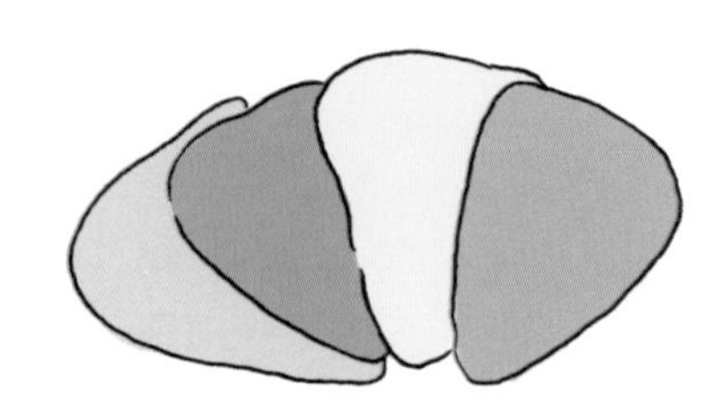

2. 把六片花瓣依次粘在其中一个花心上。

3 把第二个花心粘在第一个花心上方，这样就做成了花朵。

4 剪六个长方形标签，分别写上六大食物种类的名称：甜品、油脂、肉类、乳制品、果蔬、谷物。

然后将标签分别粘在不同的花瓣上。

5 剪十多个方形小标签，在上面画上在你家冰箱或橱柜里找到的食物（每个标签至少画一种食物）。

最后，将小标签根据食物的种类分别粘在对应的花瓣上，注意不要搞错花瓣哟。

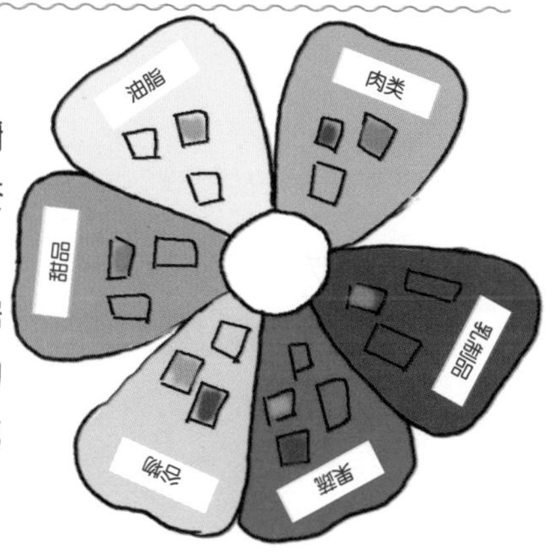

寻找淀粉

材料

- 一个盘子
- 少许碘酒
- 一个滴管
- 一份意大利面
- 一根黄瓜
- 一块奶酪
- 一块面包
- 一个土豆

步骤

把土豆、黄瓜、意大利面、奶酪和面包放在盘子里。

2 用滴管在每一种食物上面滴一滴碘酒。

3 等待五分钟，观察食物的颜色有没有发生变化。

原理说明

面包、意大利面、土豆与碘酒接触后变成蓝色，而其他食物的颜色没有明显变化。

颜色改变的原因是这些食物里含有淀粉。

米饭、土豆、面包等食物中含有大量的淀粉，淀粉是一种由葡萄糖分子聚合而成的多糖。在消化过程中，多糖分解成葡萄糖分子，这个过程释放出足够的能量，让你可以坚持到下一餐。

词汇表

吃饱：一种不再饥饿的舒适感。像饥饿感一样，饱腹感也是由下丘脑控制的。

加工食品：用自然界中的材料加工而成的食品。

矿物界：非生物的世界，包括岩石和其他没有生命的物质。

消化：食物在被身体吸收之前，在消化道中经历的转化过程。

营养：食物中可以被身体吸收的部分。

消化液：帮助食物消化的液体物质。消化液是在胃、胰腺、肝脏或小肠等部位产生的。

均衡饮食：一种饮食方式，能够为身体提供所需的脂肪、碳水化合物、蛋白质、维生素和无机盐等。

基本饮食需求：身体对食物或营养的最低需求。

母乳：在妈妈体内产生、用来喂养宝宝的乳汁。母乳是通过乳腺分泌的。

婴儿配方奶：一种用来替代母乳的人工合成的奶。

肠道菌群：指的是肠道中天然存在的可以帮助消化的细菌群。

味道：是通过味觉感知的食物的一种性质。

过敏：身体对于（食物或花粉等）异物产生的免疫反应。

食物过敏原：一些会导致某些人发生过敏的食物。

免疫力：身体抵御疾病或敌人（细菌、病毒等）的能力。

饮食方式：身体获取营养的方式。

小问题大发现

[法]安娜·奥利弗/著　[法]莫德·黎曼/绘
李月敏/译

北京时代华文书局

图书在版编目（CIP）数据

水 / (法) 安娜 · 奥利弗著 ; (法) 莫德 · 黎曼绘 ;
李月敏译 . -- 北京 : 北京时代华文书局 , 2020.8
（小问题大发现）
ISBN 978-7-5699-3731-2

Ⅰ . ①水… Ⅱ . ①安… ②莫… ③李… Ⅲ . ①水－儿童读物 Ⅳ . ① P33-49

中国版本图书馆 CIP 数据核字 (2020) 第 090854 号
北京市版权局著作权合同登记号 图字 :01-2018-8823

Pourquoi L'EAU est-elle si précieuse ?
Illustrator:Anne OLLIVER
Author: Maud RIEMANN
2018-2019, Gulf stream éditeur
www.gulfstream.fr
This translation edition published by arrangement with Gulf stream éditeur through Weilin BELLINA HU.

小问题大发现　水

Xiao Wenti Da Faxian　Shui

著　　者 | [法] 安娜 · 奥利弗
绘　　者 | [法] 莫德 · 黎曼
译　　者 | 李月敏

出 版 人 | 陈　涛
策划编辑 | 许日春
责任编辑 | 石乃月　王　佳
责任校对 | 张彦翔
装帧设计 | 刘晓辉　迟　稳
责任印制 | 刘　银

出版发行 | 北京时代华文书局 http://www.bjsdsj.com.cn
北京市东城区安定门外大街 138 号皇城国际大厦 A 座 8 楼
邮编：100011　电话：010 - 64267955　64267677
印　　刷 | 湖北长江印务有限公司　0217 - 8382604
（如发现印装质量问题，请与印刷厂联系调换）
开　　本 | 880mm×1230mm　1/32　　印　　张 | 9　　字　　数 | 173 千字
版　　次 | 2020 年 10 月第 1 版　　印　　次 | 2020 年 10 月第 1 次印刷
书　　号 | ISBN 978-7-5699-3731-2
定　　价 | 136.00 元 (全 8 册)

目录

10个问题

提示：活动要注意安全

文中带星号*的词汇，在词汇表里有详细的解释！

我们的生活能离开水吗?

水无处不在：海洋里、河流里、空气里、地下、植物里，甚至在你的身体里。水就是生命!

在大约46亿年前，地球形成以后，水带来了生命。最初的生命出现在海洋里，直到很久以后，在大约4.7亿年前，植物和动物才征服了陆地。

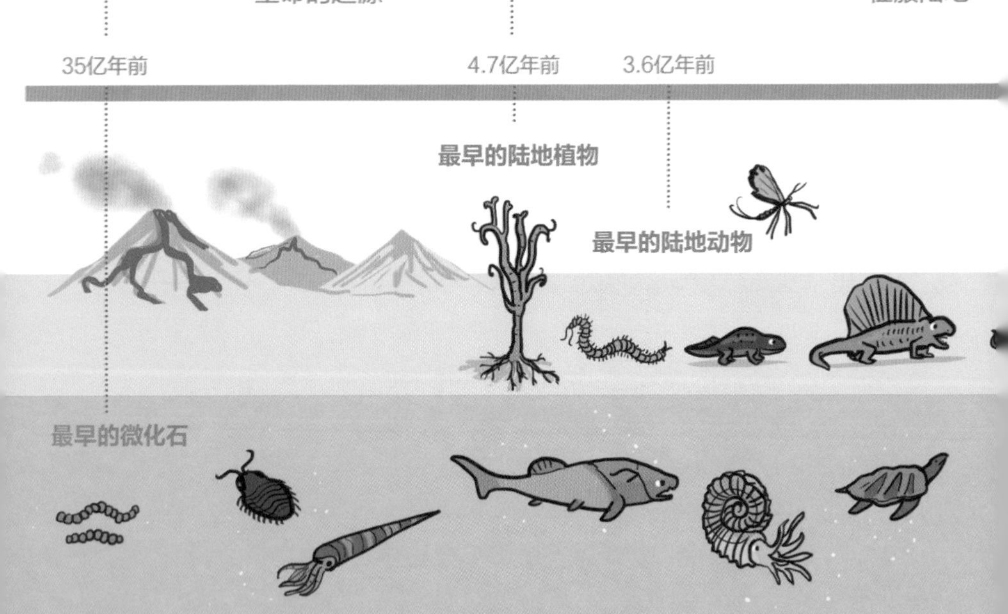

所有**生物***都是由水组成的，都需要水才能生存。像植物和其他动物一样，你也需要喝水才能保持健康！水可以帮助你调节体温，促进体内循环和**化学反应***，清除体内垃圾。

你知道吗？

每天你都在失去水分：当你出汗为身体降温时，当你小便时，以及当你呼吸时。为了弥补这些损失，除了食物中包含的水分，你还必须每天饮用约1.5升水。

为什么海水是咸的？

“蓝色星球”，这是人们给地球取的小名儿，因为地球上绝大部分面积都被海洋所覆盖。但是，海水非常咸，并不适合饮用。

土壤、岩石和鹅卵石中天然含有盐分。十多亿年来，河流和洪水不断地冲刷着岩石里的盐分，注入海洋，盐分因此大量地沉积到海洋里。这就是为什么海水是咸的：一升海水中大约含有30克盐！

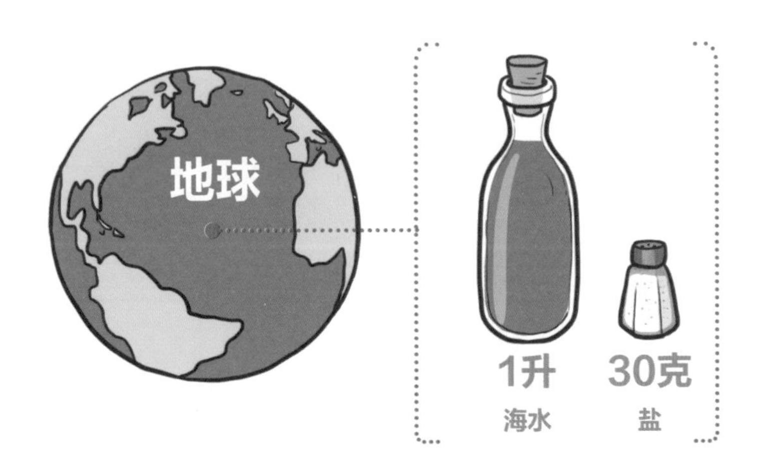

与海水不同，**淡水***的含盐量很低：每升淡水含盐量不到1克。我们维持生命所需要的就是淡水！它非常稀少，存在于雪山、冰川、湖泊、河流、地下，也存在于空气里。

你知道吗？

如果我们把地球上所有的水都盛在一个瓶子里，那么淡水量只相当于瓶盖里的水量！

水一直是液体吗?

在自然界，水以三种不同的形态存在：液态，比如河流；固态，比如冰川；气态，比如水蒸气。

水是由微小颗粒组成的，这种颗粒，我们称之为**分子***。每个水分子由两个氢**原子***（H）和一个氧原子（O）组成。这就是非常有名的分子：H_2O。你可能已经听说过了。在一滴水里，就有超过1万亿个水分子！

天气寒冷的时候，当气温低于0°C时，水就会结冰，变成固体。当气温升高到0°C至100°C之间时，水不再冻结，变成了液体。当温度超过100°C，水沸腾起来，变成气体：也就是**水蒸气***。

你知道吗？

水蒸气是肉眼看不见的！锅里的水烧开的时候，飘浮在锅上方的白色气体实际上是非常细小的液态水滴。我们看见的正是这些水滴，同样，天空中飘浮的云彩也是由水滴组成的。

天为什么会下雨？

水变成雨，从天而降，在此之前，它以各种状态经历了漫长的旅程。一直以来，水都是以这种方式进行着自然循环。

海水被太阳加热以后蒸发，变成水蒸气。它在空中越升越高，遇冷以后凝结成微小的水滴，形成了云层。云层里的水滴挤在一起，又形成较大的水滴，最终以雨或雪的形式落下。然后，雨水渗入地下，或者汇入溪流，进而汇入大海。然后，新一轮循环又开始了！

你知道吗？

地球上循环的水，就是几十亿年前就存在的那一批水。也就是说，我们喝的水，恐龙也曾经喝过！

太阳是水循环的真正驱动力：它提供了水**蒸发***所必需的能量。通过加热海水，它也导致了深海洋流的形成。太阳还通过加热我们周围的空气，让热空气上升，冷空气下降。这些气流的运动造成的结果众所周知：它是风！

水龙头里的水是从哪儿来的?

水是一种宝贵的资源，人类总是想方设法把水带到自己身边！

在远古时代，人类首先在河边定居下来，建造了他们的第一栋房屋，因为那里有直接可以使用的水源。后来，他们学会了挖井，汲取地下的水源，也学会了建造**引水渠***，利用地势把水引到更远的地方。就这样，水一路来到了水池边。

你知道吗？

为了判断一处水源是否可以饮用，古罗马人会观察当地的居民，看他们是否健康，然后再决定是否建造引水渠。

今天，你只需要打开水龙头，水就流了出来，但是在这之前，它已经走过了漫长的旅程。人们从**地下含水层***或者河流里汲取水源，经过处理后，它变成了饮用水。然后，它穿过无数的管道，来到你身边。水在使用过后，还需要经过处理，以免对大自然造成污染：这就是**污水处理厂***的工作。

什么是
饮用水？

饮用水就是可以安全饮用、对健康有益的水。我们在大自然中看到的水很少是可以直接饮用的，大多数情况下都需要经过处理。

在自来水厂，水源要分几个阶段进行清洁。它首先在网格上筛去大块碎片（筛分），然后在盆中去除沉淀在底部的沉积物（沉降），然后通过过滤器去除最细小的颗粒（过滤）。最后，还要对水进行消毒以去除不需要的**微生物***，然后将其储存在水塔或高架水箱里。

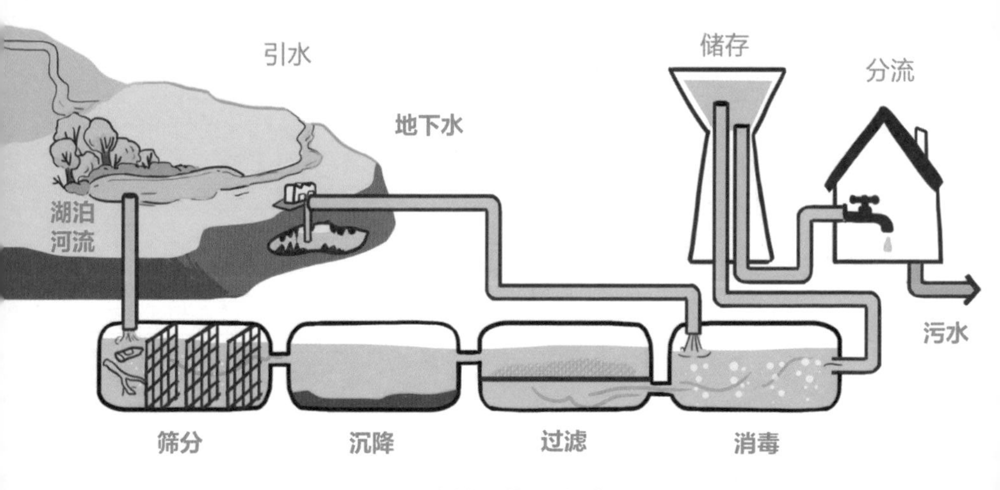

水处理的几个阶段

饮用水很珍贵，不应白白浪费。即使在水源充沛的情况下，对饮用水的处理以及为了避免污染环境进行的污水处理都需要花费很多的金钱和能源。这就是为什么我们需要节约用水！

你知道吗？

在大自然里，水渗入土壤，就像在自来水厂一样得到了过滤和清洁。人类只是在模仿和复制大自然的机制！

所有人都喝自来水吗？

在地球上，淡水资源的分布非常不均衡，有些地方很难找到可以饮用的水。所以，随着居住地的不同，饮用水的分布也有很大的不同。

在某些地区，比如在沙漠里，气候非常干燥或干旱。那里很少下雨，水也很少。与此相反，在温带，气候温和，雨水充沛，水源充足。

难以获得饮用水的地区

容易获得饮用水的地区

在任何情况下，获得饮用水都是非常昂贵的，因为必须建立抽水厂、自来水厂、水塔，铺设饮用水管道……只有富裕国家才能负担得起，为他们的居民提供在任何时间打开水龙头都能获得饮用水的条件！

你知道吗？

世界各地的耗水量有很大的不同。在法国，人们在一天的时间里消耗的水，可供非洲居民使用一个星期！

为什么人不能在水里呼吸？

所有动物都要呼吸。呼吸可以利用空气和水里的**氧气***制造能量。但是，呼吸的方式多种多样！

在空气中，你用**肺***呼吸，所有哺乳动物（包括海洋哺乳动物）、鸟类或者爬行动物都是这样呼吸的。而在水里，鱼、甲壳类动物或软体动物是用**鳃***呼吸的。有些动物既没有肺也没有鳃，例如婆罗洲扁头蛙，它们通过皮肤来捕获氧气。

如果鱼离开了水，在空气中呼吸，它的鳃会变干，它也会死掉。如果你在水里呼吸，水会进入你的肺里，你会溺水。在水里，你必须屏住呼吸，使用呼吸管或自带氧气，就像背着氧气罐的潜水员那样。

你知道吗？

你一生中唯一能在水中呼吸的机会，就是当你在妈妈肚子里的时候！那时，你被液体包围着，不能用肺呼吸，有一根管子，也就是脐带，把你和妈妈连在一起，输送你需要的氧气。

谁在大海里生活?

在大海和大洋里，生活着许许多多的植物和动物。但是，我们对海洋里的世界知道得还很少，还有待我们去发掘！

大海的表面温暖又明亮。鲷鱼、鳕鱼和海豚就生活在这里。往深处走，海水变得阴暗冰冷，这里是鱿鱼、虾和某些鲸的家。但是对于植物来说，这里不再拥有足够的光线。在超过一千米的深处，那里愈发黑暗和冰冷，氧气稀薄，压力激增……这里就是**深海***！

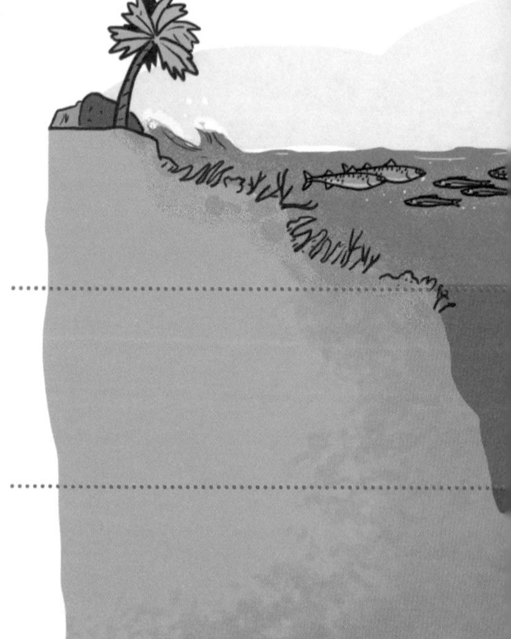

人类早在几千年前就开始探索大海了。人们钓鱼、捉蟹、捕虾和采摘海藻。人们建造船只，在海上航行，制造机器人和潜水艇，潜入到人类无法独自前往的地方。今天我们已知海洋最深的地方是马里亚纳海沟，深达11公里。一般性能良好的潜水艇也只能带人类去那里两次。

你知道吗？

深海里唯一的光线，就是生活在那里的大多数动物的**生物发光***。生物发光是一种生物反应，能够把化学能转化为光能。

如何利用水的力量？

河流、小溪、海浪、瀑布、潮汐……水通常是运动的状态，我们可以利用这种动力做许多事！

许久以来，人类一直在利用水的力量。过去，人们在河边建造磨坊。水的力量带动齿轮转动，从而转动相连的磨盘，把小麦磨成面粉。

今天，人们利用水的力量来发电。人们修建大坝，在里面储存大量的水。然后打开阀门，水流便形成一个“人工”瀑布，它可以转动**水力发电厂***的**涡轮机***。其中的原理与磨坊相同，但这次不是把小麦磨成面粉，而是转动涡轮机发电！

你知道吗？

人们还利用海洋能源来发电。在海边建造的**潮汐发电厂***扮演的就是这样一个角色。这种能源来自潮汐的交替流动、永久洋流或波浪的运动。

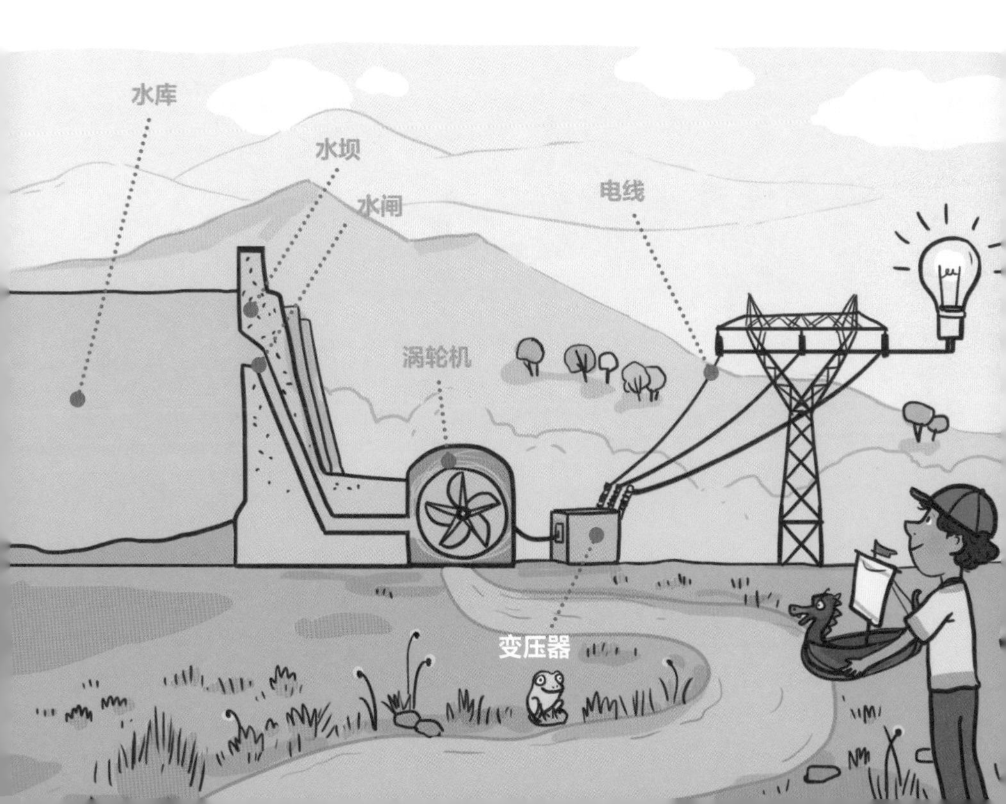

在瓶子里做一朵云

材料

- 一只透明广口玻璃瓶
- 开水
- 一只金属盘，在上面放上冰块

步骤

请在大人的陪同下完成。

1. 把开水倒进瓶子里。你可以看到蒸汽从瓶子里升起来。

2. 把金属盘放在瓶子上。

3. 你可以看到瓶子里产生了云。

4. 如果你把盘子挪开，你会看到云跑出来。

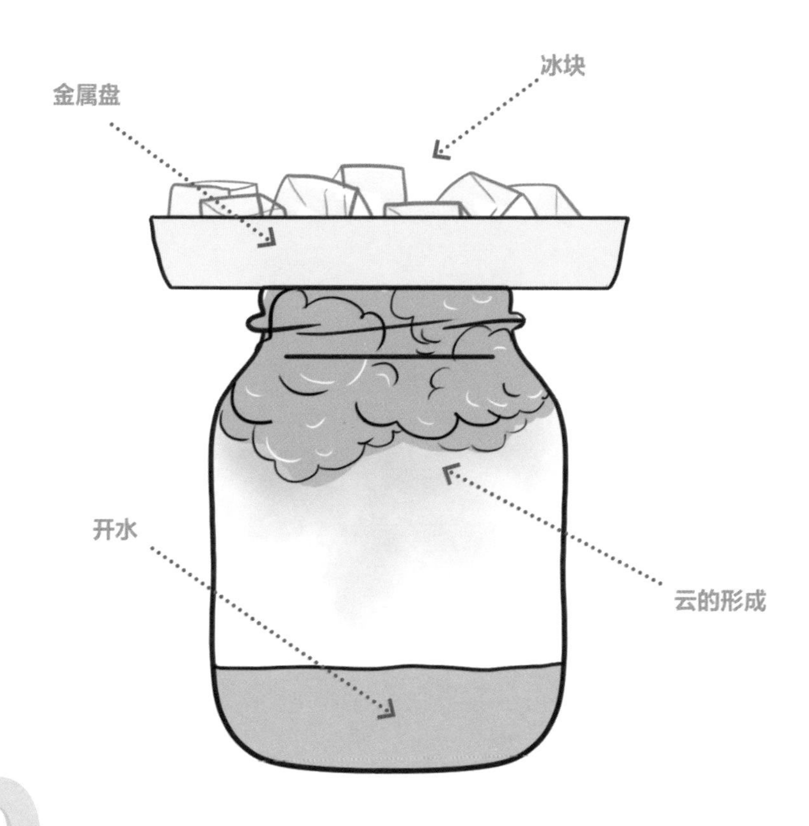

原理说明

开水会产生蒸汽。蒸汽遇冷后会凝结成非常小的水滴，悬浮在空中：云产生了！

给海水脱盐

材料

- 一个大的透明玻璃沙拉碗
- 透明保鲜膜
- 一只玻璃杯
- 一颗弹珠
- 水
- 盐
- 一盏灯
- 一根大橡皮筋

步骤

请在大人的陪同下完成。

1. 把水倒入沙拉碗。
2. 加入盐，搅拌均匀，这就是海水。
3. 把玻璃杯放在碗中央。
4. 用保鲜膜盖住沙拉碗，并用橡皮筋绷住。
5. 把弹珠放在保鲜膜上正中间的位置，让它凹下去。
6. 将沙拉碗放在灯下，静置几个小时，观察水的循环。

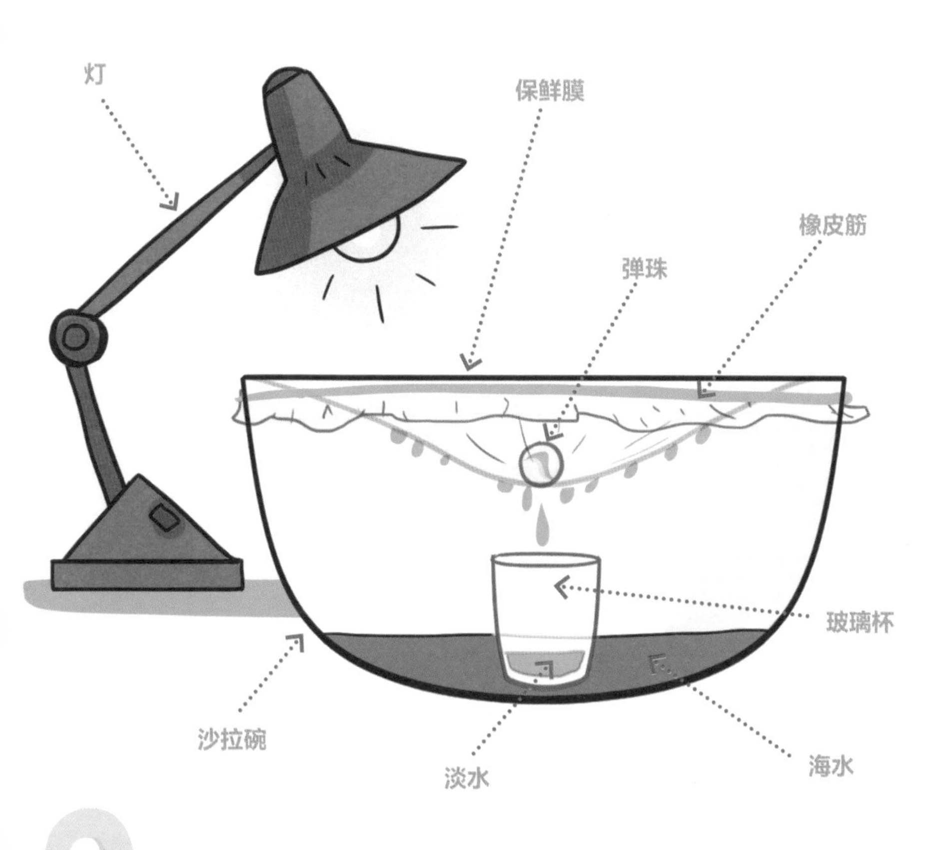

原理说明

水在灯光的照射下蒸发，水蒸气凝结在保鲜膜上，然后像雨水一样滴落在玻璃杯中。只有水参与了循环过程。掺进水里的盐留在了沙拉碗底。用手蘸水尝一尝，你会发现，玻璃杯里收集的水一点都不咸。

哪里更容易漂浮

材料

- 两只水杯
- 六勺盐
- 一只生鸡蛋

步骤

1. 在两只杯子里接满自来水（淡水）。
2. 在其中一只杯子里加六大勺盐，搅拌均匀，让盐充分溶解。
3. 把鸡蛋放进盛淡水的杯子，观察它的变化。
4. 把鸡蛋放进盛盐水的杯子，观察它的变化。

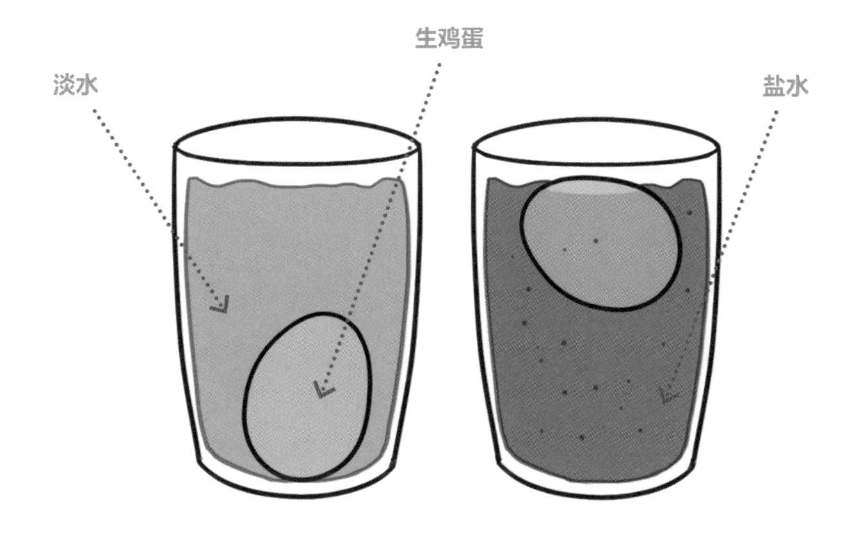

原理说明

在盐水杯子里，鸡蛋能轻松地漂浮起来。这是因为盐水比淡水的密度更大，能够把鸡蛋向上托起来。对于你来说也一样：你注意到了吗，在海里比在游泳池里更容易漂浮起来。是的，你在海水里更容易漂浮，那是因为海水更咸。

活动

给一朵花染上你心仪的颜色

材料

- ➪ 一只水杯
- ➪ 食用色素（选择你喜欢的颜色）
- ➪ 一朵白色的花
- ➪ 水

步骤

方法一

在杯子里倒入水，加几滴食用色素。

2 把花插到水里。

3 等待几个小时，观察花瓣颜色的变化。

方法二

你还可以把花茎劈成两半，分别放入两只不同颜色的杯子里。

原理说明

染色的水顺着花茎来到花朵。人们称之为毛细作用，植物就是用这种方式“喝”土壤中的水。

词汇表

生物：自然界中所有具有生长、发育、繁殖等能力的物体。

化学反应：不同的物质相遇或改变条件时发生的转变。什么都没有丢失，什么都没有被创造，但一切都改变了。

淡水：淡水中只有很少的盐。它没有颜色，也几乎没有味道。它往往来自河流、冰川、湖泊和地下水。

分子：细小的粒子彼此组合起来，就形成分子，就像积木一块块组合起来，就形成了一个结构。

原子：原子是非常小的粒子，它们彼此间精确地连在一起，形成一个分子。

水蒸气：气体状态下的水。水有三种存在状态：固态、液态和气态。气态没有固定的形态，它四处飘散，很难占有它。

蒸发：水从液态转化为气态的过程。当气温升高，便容易蒸发。

引水渠：古罗马典型的沟渠，用来将一个地方的优质水源引到另一个地方。引水渠利用地形的坡度，向远离水源的城市或者房屋供水。

地下含水层：存在于地下岩石中的大量的水。雨水渗入土壤以后，也会逐步渗入到岩石中间，积聚在含水层中。

污水处理厂：专门处理废水的工厂。它的工作是在把废水投放到大自然以前对它进行清理，去除其中的污染物质。

微生物：微小的、用肉眼看不见的生物。大多数微生物都是无害的，甚至对人体是有益的，但也有一些微生物会导致疾病。

氧气：我们呼吸的空气中存在的一种气体，对于我们来说是必不可少的。

肺：我们的呼吸器官。它将吸入的氧气输送到血液中。我们的胸腔里有两个肺。

鳃：帮助水生动物呼吸的器官。鳃可以捕获溶解在水中的氧气，因此，鳃就是水中的肺。

深海： 深海是海洋中非常深的区域，那里常年没有光线。那里的环境对我们来说还非常陌生，有许多惊人的动物生活在那里。

生物发光： 由生物产生并发射的光线，这是一种体内的化学反应，是将化学能转化为光能。

水力发电厂： 能够将水的能量或者水力转化为电能（电力）的工厂。

涡轮机： 一个靠水、蒸汽或其他气体的力量驱动的轮子。它可以将这些力量转换成能量，例如电能。

潮汐发电厂： 在潮汐运动时汲取水的能量的工厂。

小问题大发现

微生物

[法] 安娜·奥利弗 / 著　[法] 本杰明·勒佛尔 / 绘
李月敏 / 译

北京时代华文书局

图书在版编目（CIP）数据

微生物 / (法) 安娜 · 奥利弗著 ; (法) 本杰明 · 勒佛尔绘 ;
李月敏译 . -- 北京 : 北京时代华文书局 ,2020.8
（小问题大发现）
ISBN 978-7-5699-3731-2

Ⅰ . ①微… Ⅱ . ①安… ②本… ③李… Ⅲ . ①微生物 – 儿童读物 Ⅳ . ① Q939-49

中国版本图书馆 CIP 数据核字 (2020) 第 090858 号
北京市版权局著作权合同登记号 图字 :01-2018-8823

Les MICROBES sont-ils MéCHANTS ?
Illustrator:Anne OLLIVER
Author: Benjamin LEFORT
2018-2019, Gulf stream éditeur
www.gulfstream.fr
This translation edition published by arrangement with Gulf stream éditeur through Weilin BELLINA HU.

小问题大发现　微生物
Xiao Wenti Da Faxian　Weishengwu

著　　者 | [法] 安娜 · 奥利弗
绘　　者 | [法] 本杰明 · 勒佛尔
译　　者 | 李月敏

出 版 人 | 陈　涛
策划编辑 | 许日春
责任编辑 | 石乃月　王　佳
责任校对 | 张彦翔
装帧设计 | 刘晓辉　迟　稳
责任印制 | 刘　银

出版发行 | 北京时代华文书局 http://www.bjsdsj.com.cn
北京市东城区安定门外大街 138 号皇城国际大厦 A 座 8 楼
邮编：100011　电话：010 - 64267955　64267677
印　　刷 | 湖北长江印务有限公司　0217 - 8382604
（如发现印装质量问题，请与印刷厂联系调换）
开　　本 | 880mm×1230mm　1/32　　印　　张 | 9　　字　　数 | 173 千字
版　　次 | 2020 年 10 月第 1 版　　印　　次 | 2020 年 10 月第 1 次印刷
书　　号 | ISBN 978-7-5699-3731-2
定　　价 | 136.00 元 (全 8 册)

目录

10个问题

提示：活动要注意安全

文中带星号*的词汇，在词汇表里有详细的解释！

微生物是什么？

微生物是存在于自然界的一大群形体微小、结构简单、大部分不能被肉眼直接观察到的微小生物。

微生物是非常简单的有机体，它与人类有着很大的不同。微生物主要分为三大类：原核微生物（细菌等）、真核微生物（真菌等）和非细胞型微生物（病毒等）。

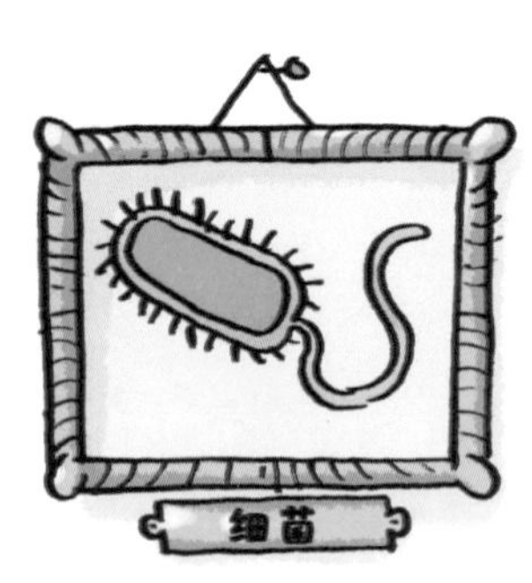

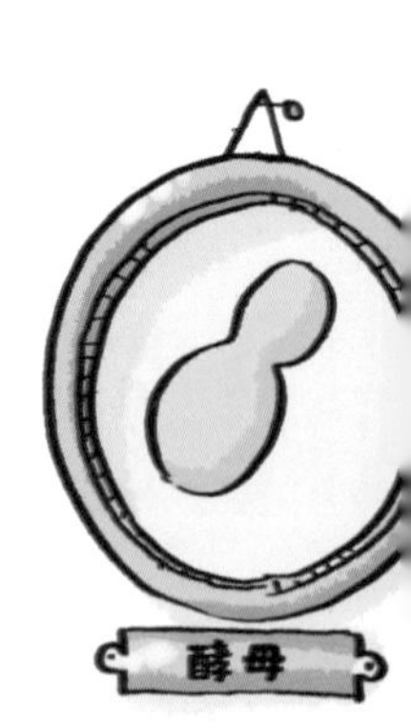

微生物中也有肉眼可见的种类，如大型真菌，也就是我们平时吃的蘑菇，你在过期食品上看到的霉斑也属于真菌。细菌非常小，大约只有1微米（1毫米的千分之一）。病毒比细菌还要小很多：病毒是最小的微生物。

你知道吗？

在三十多亿年前，微生物是地球上出现的第一批生物。它们占领了几乎所有陆地和水域。如今它们也是无处不在！

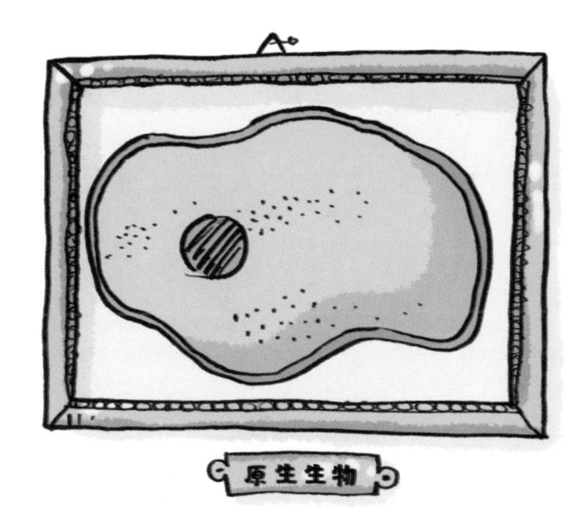

用肉眼能看见微生物吗？

大部分微生物用肉眼是看不见的。这就是为什么在很长的时间里，人们都不知道微生物的存在，直到有人用显微镜看到了它们。

一名荷兰布料商人安东尼·范·列文虎克，首先想到用**显微镜***观察微观世界。于是，他发现了大量的微生物：牙垢里的细菌、啤酒里的酵母，以及湖水里大量的原生生物等。这一切发生在大约350年前。

虽然我们用肉眼看不见单个微生物，但它们聚集的时候，我们就可以用肉眼看见它们。事实上，细菌繁殖非常快，它们可以一分二、二分四，以此类推，直到形成**菌落***。比如，大肠杆菌每20分钟就分裂一次，一个晚上就可以形成一个近十亿细菌组成的菌落，用肉眼也可以看见了!

你知道吗?

当列文虎克的新发现传到法国时，这些像小动物一样的微小生物被叫作“微小动物”。这就是微生物最初的名字!

微生物生活在哪里？

在地球上，微生物无处不在：在土壤里、空气中、水里，以及所有生物的身体里。

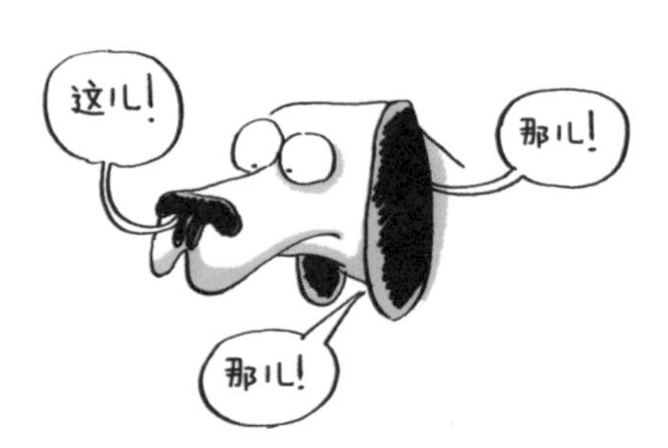

如果没有微生物，世界就不是今天的样子。微生物遍布你的生存空间：在树叶上、树根里或你的宠物身上也有细菌，在你卧室的墙壁上或空气中的微尘里有真菌，在你的浴室里隐藏或飘浮着原生生物，在水果上或冰箱里有酵母，等等。

微生物并不只在你的周围，它也存在于你的身体里！是的，你的身体是数千亿微生物的家园，它们甚至超出了你的身体细胞的数量！你体内的这些微生物组成了一个**“微生物群*”**，它们主要是细菌，几乎隐藏在你身体的各个部位：皮肤、口腔、鼻子等。

你知道吗？

有些微生物非常顽强，可以在极端的条件下生存。比如超嗜热菌可以生活在非常炎热的地方，比如火山周围，那里的温度可达100°C！

微生物有用吗？

幸好世界上有微生物：它们对于维持生物和环境之间的平衡非常重要！

微生物对生命至关重要。有些微生物，比如某些植物根部的细菌，可以为植物提供生长所必需的营养物质。有些微生物可以促进呼吸，比如微藻可以制造出生命所必需的氧气。微生物还可以起到保护的作用，比如真菌可以保护它所栖身的水果，防止水果受到其他微生物的侵袭。

许多微生物生活在你的体内，和你是**共生***的关系：你给它们提供住所，作为回报，它们也向你提供许多服务。比如，它们可以帮你分解食物中你无法独自消化的成分，它们也可以合成身体健康所必需的维生素。它们还可以占据位置，保护你不受外来微生物的侵害。微生物对你太有用了！

你知道吗？

在帮助我们消化水果、蔬菜或谷物纤维之后，有些微生物会产生气体……是的，它们也是屁的一部分！

微生物能吃吗？

我们不会像吃糖果那样单独吃微生物，但数千年来，微生物一直存在于我们制作的食物中。

很久以来，人类已经在不知不觉中使用微生物来制作面包、奶酪、红酒和啤酒了。如今，人们清楚地认识到微生物在制作这些食物以及其他许多食物的过程中所起到的作用，比如酸奶、香肠、醋，还有巧克力、咖啡、酱油……

微生物制作食物的秘密，就是**发酵***。通过分解食材中的糖分，微生物产生了气体、酒精或乳酸。这是人类掌握并利用自然现象的表现。它可以把葡萄中的糖分转化为酒精，来酿造葡萄酒；或者把面粉中的糖分转化为二氧化碳，来发酵面包。

你知道吗？

当你吃酸奶时，你大约要吞下10亿个细菌。酸奶是在牛奶里添加保加利亚乳杆菌和嗜热链球菌，然后发酵而成的乳制品。

微生物是坏蛋吗?

虽然大多数微生物对我们都很有用，但有些微生物非常危险，会导致疾病。

可以导致疾病的微生物叫作**病原体***。我们这样称呼它们，是因为它们会在我们体内繁殖，还搞破坏。于是，我们的身体努力防卫，变得非常疲倦。在某些情况下，我们可以毫不费力地赢得战斗，但在其他一些情况下，我们需要药物的帮助才能康复。有时候，病原体非常难对付，它甚至会导致我们死亡。

在历史的长河中，人类不得不面对许多由病原体微生物导致的严重疾病。这也是我们害怕微生物的原因。并且，每个微生物家族都不乏这样的危险分子！比如，流感、水痘和艾滋病是由病毒引起的，鼠疫和结核病是由细菌引起的。

你知道吗？

当我们的抵抗力变弱时，体内的某些微生物会表现出“黑暗的一面”，变成病原体：它们被称作“机会性病原体”。

“微生物感染”是什么意思?

这种说法意味着微生物从其他地方来到了我们身上。如果这种微生物是病原体，那么这种情况就可以发生感染。

微生物能够以非常快的速度繁殖，产生数百万个微生物，然后以惊人的速度向其他地方散播。如果这种微生物是致病的，情况会变得不妙！它们会导致一些非常容易传染的疾病。如果许多人都被传染，我们会说这是一种**流行病***。

你知道吗？

当你咳嗽或打喷嚏的时候，数千个微生物从口中喷出，可以前进几米的距离。

和周围的人交换几个微生物，这并没什么，可是……如果是一个得了**传染病***的人，比如得了流感，就会很烦人。有一些简单的技巧可以保护自己和他人免受感染：打喷嚏的时候捂住嘴巴，经常擦鼻涕并把纸巾丢进垃圾桶，勤洗手，或者最简单的方式是，尽量不和生病的人接触。

如何抵抗微生物？

当被病原体感染后，你的身体会启动自我保护机制，但如果这种保护的力量不够，就需要药物来帮助你了。

你的身体可以进行天然的防御。第一道防线是你的毛发、眼泪、唾液、皮肤、鼻涕，以及……盟友微生物！如果这些防线都被突破，不要惊慌，轮到**免疫系统***上场了，它可以阻挡和消灭入侵者。免疫系统具有记忆功能：它能更好地抵御之前遇到过的微生物。你一生中接触到的微生物越多，防御机制就越有效！

自从人们了解了传染病的来源，医生们也找到了许多自我保护或抵抗病菌的方式。首先是良好的卫生习惯，定期用肥皂清洁，并用**消毒剂***清洗伤口，减少与微生物的接触。其次是疫苗接种，通过让我们的免疫系统接触微生物无害的部分，提前做好应对。最后，抗生素可以抑制微生物的繁殖，甚至把它们杀死。

你知道吗？

鼻黏液，可能你更熟悉它的另一个名字“鼻涕”，它就像一个陷阱，能捕捉灰尘、污垢和微生物，阻止它们进入肺里。鼻涕变干后，它就成了“鼻屎”！

为什么说“抗生素不是万能的”？

抗生素只对细菌有效。一有小疼痛就“动不动”使用抗生素，不仅无效，还非常危险！

为什么无效呢？那是因为抗生素是一种可以杀死某些细菌，至少可以抑制细菌繁殖的药物。抗生素只能抵抗细菌。对于其他种类的微生物，如病毒、原生生物、真菌来说，抗生素是无效的。

为什么危险呢？抗生素的发现一直被视为医学上的突破，人们一直滥用抗生素，直到今天依然如此。这是不对的。首先，细菌接触抗生素越频繁，它们就越能找到逃命的方法：这就是**抗药性***，这种抗药性可以由一种微生物传递给另一种微生物！其次，抗生素不仅能杀死感染的细菌，同时也会杀死体内对健康有益的细菌。

你知道吗？

1928年，亚历山大·弗莱明发现，他培育的细菌被一种真菌感染了，这种真菌就是青霉菌。他注意到，青霉菌生长的地方，细菌就不再生长。就这样，他发现了第一种抗生素：青霉素！

微生物能成为我们的朋友吗？

由于某些微生物会导致疾病，它一直让我们感到恐慌。如今，人们逐渐知道，大多数微生物都是我们的朋友，而非敌人。

一直以来，人们研究微生物，还是为了更好地了解它们的弱点，以便杀死它们……如今，科学家们认识到大多数微生物都具有重要的作用，无论是在自然界，还是在我们的身体里。我们对微生物的看法正在逐渐发生改变！

体内拥有的**微生物种类***越多，你的身体可能就越健康。生物多样性是一种财富，对于花园来说是这样，对你的身体来说也是这样。因此，关注身体里这些看不见的朋友，可以让我们避免许多疾病。这或许是当下和未来，医学面临的重大挑战之一！

你知道吗？

健康、能源、环境、食品……微生物在许多领域都得到了应用。比如，人们使用病毒来治疗某些疾病，使用原生生物来制作食品增稠剂，或者使用细菌来制造燃料、清洁水源等。

活动

培育微生物

材料

- 三片没有加防腐剂的新鲜面包
- 水和肥皂
- 三个透明塑料袋
- 三个白色标签

步骤

1. 取一片面包，用手好好揉一揉，然后用透明塑料袋密封。贴上标签，编号“1”。

2. 用肥皂把手洗干净，重复上面的步骤。贴上标签，编号“2”。

3. 把第三片面包放进塑料袋，尽量避免用手接触面包（比如可以把塑料袋套在手上拿，或者使用夹子夹面包）。贴上标签，编号“3”。

4. 把三个塑料袋放在黑暗的角落里，放一个星期。

5 一个星期后，透过塑料袋仔细观察每片面包的变化。

警告！ 不要打开任何一个塑料袋，观察结束后，把它们直接丢进垃圾桶。如果你想给朋友看，可以拍个照片。

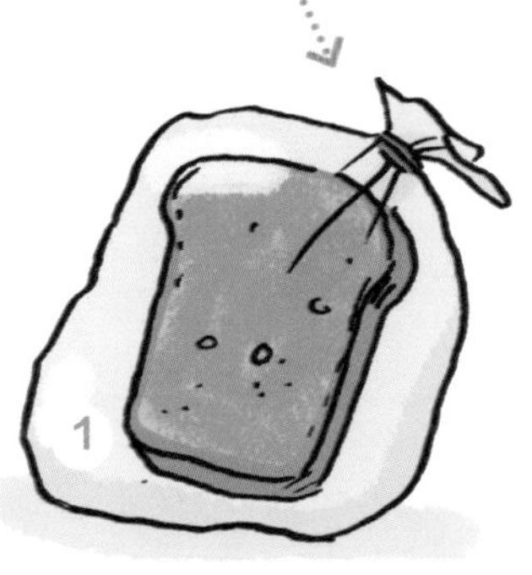

原理说明

在用手摸过的面包片上，你可以观察到洗手前携带的微生物（真菌或细菌）。之前你肉眼看不到它们，但由于它们在这段时间里进行了繁殖，形成了菌落或菌丝，才变得肉眼可见了。

活动

用酵母吹气球

材料

⇨ 一个小空瓶

⇨ 白砂糖

⇨ 一只气球

⇨ 一袋活性干酵母

⇨ 温水

步骤

1. 把一勺白砂糖和一袋酵母倒进瓶子里。

2. 在瓶子里加半瓶温水，搅拌均匀。

3. 迅速把气球嘴套在瓶口上，再次摇匀。

4. 把瓶子放在温暖的地方，大约45分钟后观察气球的变化。

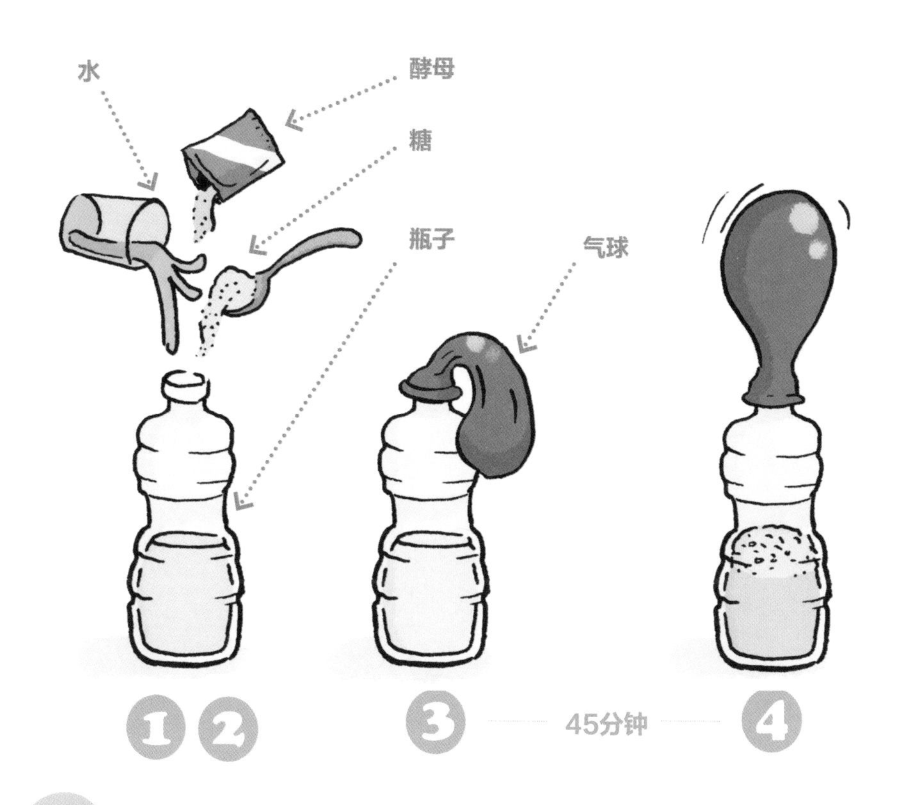

原理说明

酵母是一种活性微生物，有了糖、水和适当的温度，它就可以发酵，并产生酒精和气体（二氧化碳）。谷物中的糖发酵后用来制作啤酒，或面粉中的糖发酵后用来制作面包，都运用了这个原理。把气球取下来以后，你会闻到一股气味，这是发酵后特有的气味。

活动

制作面包

材料

- ⇨ 一个碗
- ⇨ 一个盆
- ⇨ 300克面粉
- ⇨ 一勺盐
- ⇨ 两勺糖
- ⇨ 半包活性干酵母
- ⇨ 温水

步骤

请在大人的陪同下完成。

1. 把一勺糖、酵母和三勺温水放进碗里，混合均匀后放到温暖的地方约15分钟。

2. 把面粉、盐、一勺糖、醒发好的酵母以及一小杯温水放进盆里。混合均匀后，揉面约10分钟。如果面团太黏，加一点儿面粉。如果面团太干，加一点儿水。盖一块布，放在温暖的地方，约一个半小时。

3. 把面团揉成大面包的样子，放进烤盘里，喷一点儿水，然后盖上布，放在温暖的地方约45分钟。

4. 烤盘里铺上烘焙纸，把面包放进去，再喷一点儿水，然后让大人帮忙，把面包放进预热好的烤箱里（上下火180° C，40分钟），烤箱里再放一个盛了水的容器，以保持湿度。

原理说明

面包是利用酵母制作的一种食物。面团发酵的原理与上一个吹气球的活动一样。如果用刀切开，你会观察到一些小洞，里面有面团发酵所产生的气体。

活动

自制显微镜观察微生物

材料

- 一支低功率红色激光笔（切记，不能用它照眼睛）
- 一个无针针管（在药房可以买到）
- 水
- 两个细长的玻璃杯

步骤

请在大人的陪同下完成。
活动要在光线昏暗、有一面白墙的房间里进行。

1. 在针管里装满水。

2. 小心地把针管放在两个装满水的玻璃杯中间。

3. 轻轻压一下针管，让一滴水悬挂在管口处。

4. 用激光笔尽可能靠近水滴照射，把影像投射到墙上。

警告！永远不要用激光笔照射眼睛，非常危险！

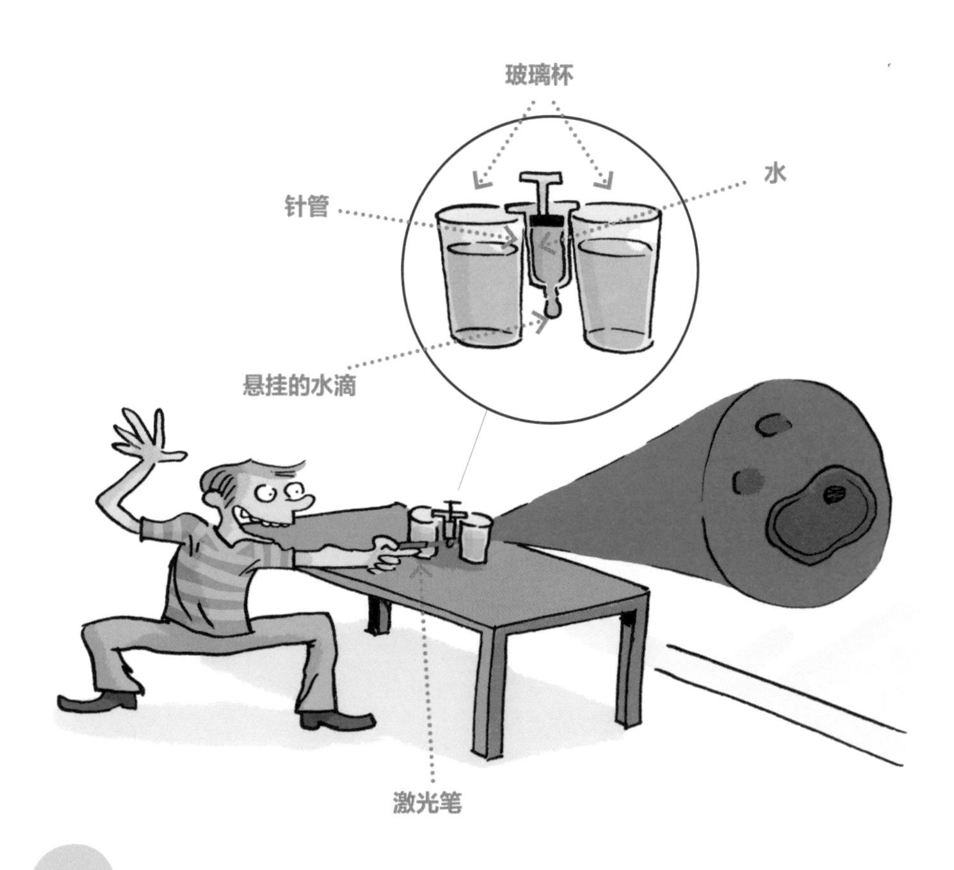

原理说明

激光穿过水滴后，可以在墙上投出一个放大的水滴。针管离墙越远，影像就越大。通过这种方式，你可以看到墙上有一些透明的斑点在移动，这就是水滴里肉眼看不到的微生物。你成功地利用这个类似显微镜的设备放大了水滴，像放电影一样把水滴投射到墙上。

词汇表

显微镜：能够借助光学镜头观察非常小的物体的仪器。

菌落：微生物生长或繁殖到一定程度后，形成的一团肉眼可见的，有一定形态和构造的细胞集团。

微生物群：一组能够自然地在同一个环境中生活，同时不会产生任何问题的微生物。

共生：两种生物之间形成的一种互利的关系。

发酵：一种在低氧环境下发生的生物过程，可以把糖转化为酒精和乳酸，并产生气体（二氧化碳）。

病原体：可以导致疾病的微生物。

流行病：能够在短时间内传染许多人的疾病，通常由病原体引起。

传染病：由病原体导致的，能在人与人、动物与动物或人与动物之间相互传播的疾病。

免疫系统：身体的防御体系，可以识别什么是身体本有的，什么是外来的，并抵御外来入侵者。

消毒剂：一种能够抑制微生物繁殖或杀死它们的液体。

抗药性：细菌抵抗抗生素的能力。有了抗药性，即使有抗生素，细菌也可以照常生存与繁殖。

微生物种类：微生物可以分为三大类，每一类当中又有许多小类。

[法]桑德丽娜·安德鲁/著　[法]玛丽·德·蒙蒂/绘
李月敏/译

北京时代华文书局

图书在版编目（CIP）数据

画画 / (法) 桑德丽娜 · 安德鲁著 ; (法) 玛丽 · 德 · 蒙蒂绘 ;
李月敏译 . -- 北京 : 北京时代华文书局 ,2020.8
（小问题大发现）
ISBN 978-7-5699-3731-2

Ⅰ . ①画… Ⅱ . ①桑… ②玛… ③李… Ⅲ . ①美术－儿童读物 Ⅳ . ① J-49

中国版本图书馆 CIP 数据核字 (2020) 第 090950 号
北京市版权局著作权合同登记号 图字 :01-2018-8823

Quels sont les SECRETS des PEINTRES ?
Illustrator:Sandrine ANDREWS
Author:Marie DE MONTI
2018-2019, Gulf stream éditeur
www.gulfstream.fr
This translation edition published by arrangement with Gulf stream éditeur through Weilin BELLINA HU.

小问题大发现　画画
Xiao Wenti Da Faxian　Huahua

著　　者 | [法] 桑德丽娜 · 安德鲁
绘　　者 | [法] 玛丽 · 德 · 蒙蒂
译　　者 | 李月敏

出 版 人 | 陈　涛
策划编辑 | 许日春
责任编辑 | 石乃月　王　佳
责任校对 | 张彦翔
装帧设计 | 刘晓辉　迟　稳
责任印制 | 刘　银

出版发行 | 北京时代华文书局 http://www.bjsdsj.com.cn
北京市东城区安定门外大街 138 号皇城国际大厦 A 座 8 楼
邮编：100011　电话：010 - 64267955　64267677
印　　刷 | 湖北长江印务有限公司　0217 - 8382604
（如发现印装质量问题，请与印刷厂联系调换）
开　　本 | 880mm×1230mm　1/32　　印　　张 | 9　　字　　数 | 173 千字
版　　次 | 2020 年 10 月第 1 版　　印　　次 | 2020 年 10 月第 1 次印刷
书　　号 | ISBN 978-7-5699-3731-2
定　　价 | 136.00 元 (全 8 册)

目录

10个问题

3个活动

提示：活动要注意安全

文中带星号*的词汇，在词汇表里有详细的解释！

谁是世界上第一位画家？

不是一位画家，而是有好几位画家！生活在约3.5万年前的史前人类就已经掌握了画画技能。

起初，他们画在洞穴的墙壁上，后来又画在岩石上，他们经常画一些动物：马、野牛和猛犸象。画的四周既没有植物也没有风景，但有时会有一些抽象的线条和手印！他们从不画自己的脸，只留下了一些侧影。

他们用木炭画出线条，然后用手或动物毛发做成的刷子涂上颜色。他们的颜料是用泥土（或赭石、氧化铁、氧化锰）和各种颜色的岩石做成的。他们把岩石碾碎，与动物脂肪或者鲜血混合起来！

你知道吗？

史前人类是**模板***技术的发明者。他们把一只手放在岩洞的墙壁上，然后把颜料吹在上面，手的轮廓就显示出来了。如今，这个方法在街头画家中得到了广泛的利用。

人类为什么要画画？

早期的艺术家们是非常好的自然观察者。他们的绘画显示出他们想要弄明白各种自然现象，并且为他们的信仰赋予一种意义。

古埃及人在墓穴的墙壁上画了长着动物脑袋的神。在这些壁画中，胡狼头人身的死神阿努比斯守护着坟墓和死者，鹰头神荷鲁斯统治着天空。在人死后的世界里，他们引导着死者，因为古埃及人相信，人死后还有一个生命。

基督徒在教堂的墙壁上作画，描绘《圣经》场景或耶稣基督的故事。米开朗基罗在罗马西斯廷教堂的天顶上创作壁画，讲述上帝创造亚当的故事。他使用了壁画*技术。但是，由于当时的技术还不够完善，壁画的某些部位已经发霉。

你知道吗?

古罗马人都是快手画家。他们在家里的墙上画画，进行装饰，也就是说，他们直接在石膏和湿石灰上画画。但是，等墙壁变干以后，就无法对画进行修改了。要么动作非常快，要么几个人一起画!

怎么制作颜料？

制作颜料，需要彩色的粉末和一种**黏合剂***（水或油），有了它，就可以用画笔把颜料涂开。如果没有黏合剂，粉末就无法附着在画布上！

在中世纪，僧侣们在染料里混合水和蛋黄做成颜料，在他们的手抄本上作画。人们把这种画称为**蛋彩画***，这是一种色彩鲜艳的速干绘画！如今，你使用的**水粉***是用**染料***、水和阿拉伯树胶混合制成的。

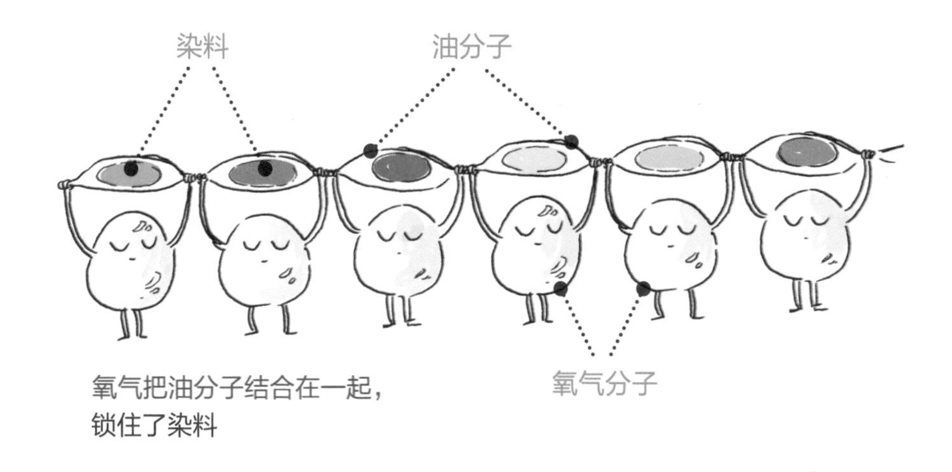

到了十五世纪，画家们使用从亚麻中提取的植物油制作颜料，这样的颜料不会干燥得太快，画家们可以从容地修改他们的作品。画晾干以后，油也变硬，锁住了色彩。所以，**油性颜料***比水性颜料更加耐用。

你知道吗？

因为油层是透明的，油画可以非常柔和地从一个颜色过渡到另一个颜色……《蒙娜丽莎》之所以非常成功，也是因为我们看不到轮廓线，感觉有一层雾笼罩着它。这是达·芬奇的一个技法，叫作**晕涂法***。

人们是从什么时候开始在画布上画画的？

在使用画布以前，艺术家们使用过各种各样的材料，比如纸莎草或木头，它们比墙壁更加便携！

古埃及人用纸莎草的茎编成大幅纸张，用来画画。纸莎草生长在古埃及的尼罗河畔。人们把这些纸连接起来，然后压平。到了中世纪，人们使用羊皮纸作画，羊皮纸是用山羊皮或绵羊皮做成的，那时，造纸术还没有传到欧洲。

后来，艺术家们使用便于携带的小木板作画。可是，如果他们想要画一个大幅作品，木板就太重了。到了十六世纪，画家们开始使用亚麻（一种植物）纤维编织的画布。然后，他们在上面涂一层胶水和粉笔图层，防止颜料透过去。

你知道吗？

画家委罗内塞曾经画过一幅70平方米大的油画，《加纳的婚礼》，表现的是基督在加纳城参加一场婚礼宴会的情景。这幅画创作于十六世纪，是为修道院的餐厅作的装饰画。尽管尺寸惊人，拿破仑还是坚持把它带走。它应该是被卷了起来。现在这幅画收藏在罗浮宫。

如何复制彩虹的颜色？

在没有颜料商店的时代，画家们利用大自然提供的一切来调配颜料：石头、泥土、植物，甚至还有动物！

画家们使用石头，比如用青金石调配蓝色，用孔雀石调配绿色，用赭石调配橙色；使用植物，比如用茜草根调配红色，用靛蓝树调配靛蓝色；使用木炭调配黑色；另外还有动物，比如用章鱼调配墨色，用胭脂虫调配胭脂红。

原色*是无法通过混合调配而获取的颜色，有蓝（青）、黄和红（品红）。但是，如果我们把任意两种原色同比例混合，就得到了**二次色***：橙、紫和绿。但颜色并非只有这些，此外还有**三次色***！

1 =原色
2 =二次色
3 =三次色

你知道吗？

如果颜色之间相互补充，我们把它们叫作**互补色***。它们是**色环***上两两相对的颜色。比如，凡·高喜欢同时使用蓝色和黄色，《星夜》里就是如此。

什么是暖色和冷色？

颜色可以分为两大家族：暖色和冷色。

所有那些让你联想到热量和火的颜色，都是**暖色***。它们是黄色、红色、橙色和棕色。相反，所有那些让你感觉寒冷，能让你联想到水和植物的颜色，都是**冷色***。它们是蓝色、绿色，以及紫色。

暖色给人以亲近的感觉，而冷色则给人距离感。由于这种视觉上的错觉，画家才能够在绘画中制造景深。从十五世纪开始，艺术家们经常用冷色（蓝和绿）描绘风景，并用暖色在前景绘制人物。

你知道吗？

颜色能够影响我们的情绪！比如，黄色给我们增添能量。红色是一种令人兴奋的颜色，往往和爱情与创造力联系在一起，但一个刷成红色的房间则会令人心烦！蓝色是令人放松的颜色，能排解我们的忧虑。

如何营造透视错觉？

画家们使用透视画法，这种技法可以逼真地再现从画家所处的位置看到的东西，表现出景物的纵深感。

为了模仿真实的视觉效果，画家们发明了**线性透视***。这种技术可以再现你所看到的内容，比如当你站在街上向远处眺望时，你会感觉人行道和马路这两条线在地平线处汇合，行人也越来越小。但实际上，道路和行人的大小都不会改变！

线性透视

画家们也玩色彩的游戏，在画作中给我们制造景深错觉。就拿风景画来说，艺术家使用一系列渐变色，从蓝色（离我们最近的景色）一直到淡绿色。这就是达·芬奇在创作《蒙娜丽莎》的时候使用的技法。这种表现空间的方式叫作**空气透视***。

你知道吗？

在中世纪，画中的重要人物，如圣母和基督，总是比周围的圣徒大。古埃及人也一样，壁画上的法老总是画得比他的妻子和孩子大。

空气透视

在一幅画里，阴影和光线有什么用处？

为了让画作更加逼真，我们还必须确定明暗区域。阴影和光线能够帮助我们看清楚物体的体积。

如果没有阴影和光线的对比，一个物体在我们看来是平的，它似乎只有两个维度。由于光线的运用，古希腊人已经着力表现物体的大小。如果一个物体或多或少被照亮，就需要表现出它的阴影区域和照明区域，这就是**明暗法***。

身后什么都没有

身后有一堵墙

有两个光源

但是接收到光线的不仅是这个物体，还有它周围的空间！运用明暗对比可以描述四周的空间。十五世纪末和十六世纪的画家非常关注阴影，他们有时会把场景设置在完全黑暗的背景中，只用一支蜡烛照明。这种光与影的强烈对比被称为**阴暗画法***。

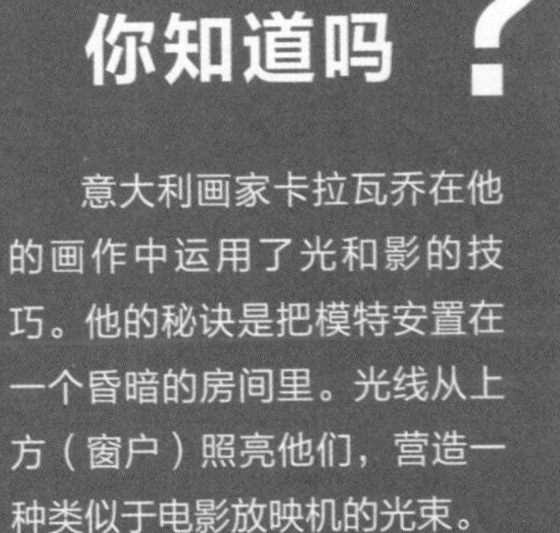

如何画一幅逼真的肖像？

肖像是为一个真实存在的人创作的画像。在摄影技术发明以前，这是复制一个人的形象并赠予亲人的唯一方式。

在肖像画中，人脸可以从侧面、正面表现，也可以只画四分之三，甚至还可以从后面表现！在文艺复兴之前，画家们经常（在银币上）绘制统治者的侧面像，表现他们的威严和高贵。正面人脸像还可以表现情绪，令人更好地了解画像中的人。

从十六世纪开始，为了使画像尽可能逼真，画家们使用了**暗箱***，这是一个穿了一个洞的盒子，光线从小洞透进去，在底部的壁板上形成一个正面倒立的影像。然后，画家再使用光学玻璃系统把影像正过来。人们认为，画家维米尔就是用这种方式画出了像照片一样逼真的画像！

你知道吗？

毕加索把正面肖像（一只眼睛）和侧面肖像（鼻子和另一只眼睛）混合拼贴起来，创作了《多拉·玛尔的肖像》（1937年），就好像人们在从各个角度观察她。但毕加索并不是第一个这么做的人！古埃及人也是这么做的！头、鼻子、脚、手臂和腿部都是侧面视角，但眼睛和胸部则是从正面展示的！

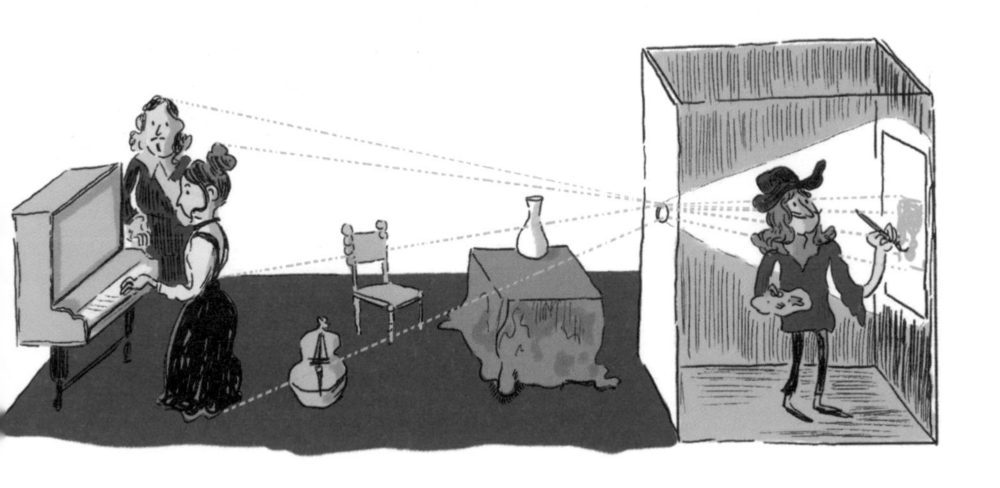

画家如何欺骗我们的眼睛？

有些图像绘制出来，是为了娱乐或欺骗我们的眼睛，这就是**错视画***，因为我们认为自己看到了并不存在的东西。人们也把它称作**视错觉***。

如果一只装满水果的篮子非常逼真，我们会想要伸手去拿水果！这就是错视画营造的效果。但是意大利艺术家阿尔钦博托走得更远，他做了双重的错视效果。例如，如果我们把画倒过来看，一个装满蔬菜的沙拉碗会变成一个园丁的脸。很惊人，不是吗？

还有的艺术家在大街上或墙上画出令人难以置信的错视画。你可能已经看到过这样的画，比如有些画让人以为地上有一个巨大的洞。但这并不新鲜。早在文艺复兴时期，艺术家朱利奥·罗马诺在意大利曼托瓦的宫殿里就绘制过这样的壁画，在画里，巨人们被坍塌的石柱埋在下面……太壮观了！

你知道吗？

变形影像*是从某个特定角度看到的图像。如果我们不站在正确的位置，图像就会显得扭曲！这是一种让许多画家乐此不疲的游戏，也让他们展示了自己的才华。今天，你可以在大街上看到：绘制在自行车道上的自行车是一种变形影像！

活动

寻找消失点

材料

- ➪ 一张名画图案的明信片
- ➪ 一把直尺
- ➪ 一张白色A4纸
- ➪ 一支铅笔
- ➪ 一根胶棒

步骤

1 把明信片摆在面前，观察画中的线条。例如，你可以在地面上或限定空间的墙上看到这些线条。如果这是一幅城市场景，观察建筑物的线条。

2 把明信片粘在A4纸正中间（一点儿胶水就够了）。

3 用直尺和铅笔延长所有线条。它们交叉的地方就是消失点。如果消失点在明信片外面，不要担心，因为消失点有时就在画外！

! 原理说明

现在，你学会了寻找消失点，你可以独自用任何一幅画来试验，让你的家人或同学们大吃一惊！但是，在博物馆里，不要拿直尺画任何线条！展开你的想象，在画布上投射线条吧！

活动

学习绘制光影

材料

- ➪ 一个可定向台灯
- ➪ 一张白色A4纸
- ➪ 一块橡皮
- ➪ 一支铅笔
- ➪ 作为入门，选择一个球或其他形状简单的物体

步骤

1 拉上窗帘或关闭百叶窗，让房间陷入黑暗。

2 打开可定向台灯，照亮你想要画的物体。观察台灯在变换位置时光线的变化。

3 现在，画下球或你选择的其他物体，以及它的影子。你可以通过改变台灯的位置，比较每幅画的不同。

你可能已经注意到，不同铅笔画出的线条和颜色有深有浅。你可以试试不同的铅笔。你会看到，有的铅笔画的阴影非常深，有的则比较柔和。

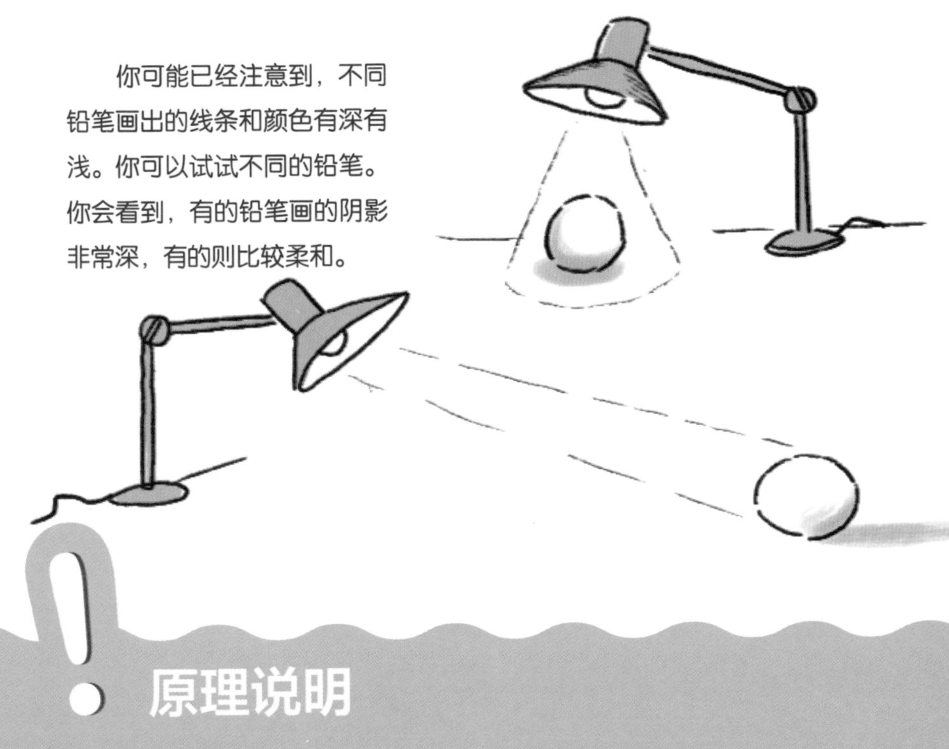

原理说明

为了更好地表现物体的立体感，画家们发明了明暗对比法，这种技法致力于表现阴影区域和光照区域之间的对比。

活动

像毕加索那样，做一幅立体主义风格的肖像

材料

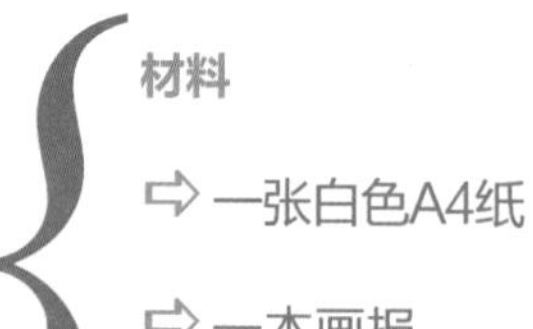

- 一张白色A4纸
- 一根胶棒
- 一本画报
- 一把剪刀

步骤

1 从画报里找一些正面和侧面人物像，剪下来。

2 剪下这些面孔上的鼻子、眼睛、耳朵和嘴巴。这样你就有了一系列正面和侧面的五官。

3 选择你喜欢的部位，把它们在纸上依次排列。确定构图以后，把每个部分粘贴起来。

原理说明

毕加索用一些像立方体一样有棱角的形状来表现风景和面孔。他试图展现模特的每一个部位，即使是从他的角度看不到的部位。最后，主题几乎消失在所有这些碎片里。人们称之为立体主义。

了解更多

画家小传

朱塞佩·阿尔钦博托

（1527～1593）

意大利画家，通过组合动物、水果、蔬菜和植物，创作出不可思议的肖像画。他曾经为哈布斯堡王朝马克西米利安二世的宫廷效力，所以他的画作往往是向皇帝致敬的作品。他的作品《四季》现藏于罗浮宫。

卡拉瓦乔

（1571～1610）

意大利画家，善用街上遇到的人做模特创作耶稣和圣人，把他们置于一个黑暗的房间里，营造一种神秘的戏剧氛围，就像《算命者》和《圣母之死》（现藏于罗浮宫）。

米开朗基罗

（1475～1564）

意大利画家、雕塑家、建筑师和诗人，在梵蒂冈（意大利）的西斯廷教堂创作壁画。在他的作品中，对身体和空间的表现比同时期其他画家更加逼真，莱昂纳多·达·芬奇除外。

巴勃罗·毕加索

（1881～1973）

西班牙画家，大部分时间生活在巴黎，提出从多个角度重新表现世界，给二十世纪的绘画带来革命性改变。1907～1908年，他发明了立体主义，彻底改变了人们对绘画的看法。你可以参观他在巴黎和西班牙巴塞罗那的博物馆。

文森特·凡·高

（1853～1890）

荷兰画家，在成为艺术家前曾经做过画商和教师。他的作品色彩强烈，运用许多厚涂法。他一生中只卖出过一幅画，但他一年就可以创作上百幅！你可以去荷兰阿姆斯特丹参观他的博物馆。

约翰内斯·维米尔

（1632～1675）

荷兰画家，善于表现日常生活的场景，被称为荷兰“小画派”。他生前获得了巨大的成功，但是他创作很慢，如今只流传下来36幅作品，逼真的效果堪比照片。罗浮宫收藏了两幅他的作品（《天文学家》《花边女工》），纽约大都会博物馆和荷兰国立博物馆也都有他的作品。

保罗·委罗内塞

（1528～1588）

意大利画家，取名为委罗内塞，是因为他出生于维罗内。他的大部分艺术活动都在威尼斯，在那里，他以使用明亮色调创作巨幅背景而闻名。他在马塞尔一座富有的庄园——巴巴罗别墅，创作了了不起的错视壁画，你可以去威尼托参观。如果你来巴黎，可以来罗浮宫看《加纳的婚礼》。

莱昂纳多·达·芬奇

（1452～1519）

意大利画家、雕塑家、建筑师、发明家、音乐家，他尝试用新技术创作壁画。达·芬奇是一个全才，他在许多领域都有卓越的成就。《蒙娜丽莎》是他最伟大的杰作，只有米开朗基罗能与他比肩。在罗浮宫，你可以看到著名的《蒙娜丽莎》《岩间圣母》《圣母子与圣安娜》《圣施洗约翰》。

词汇表

模板： 一种沿着图片的轮廓裁下纸张，然后扑上颜色复制图片表面的方法。

壁画： 一种在墙壁上作画的技术，需要在石膏湿润的时候画画，让颜料渗透进去。这样一来，图画的色彩比简单地在表面画画更加持久。

黏合剂： 一种液体，可以让颜料中的色素彼此黏合在一起，附着在支撑物上。比如，阿拉伯树胶就是水粉的黏合剂。

蛋彩画： 通过混合黏合剂（通常是蛋黄或全蛋）和染料而制成颜料，用这种颜料绘制的画叫作蛋彩画。这种颜料往往有些厚重，在油画颜料发明以前曾经被广泛使用，但很快就被取代了。

水粉： 这是一种水性颜料，将染料与水和阿拉伯树胶混合而成。阿拉伯树胶是金合欢树渗出的一种黄色黏稠物质。

染料： 不能溶于水的着色物质。粉末状，可以用矿物或有机物制成，可以是天然的，也可以是合成的。

油性颜料： 用油和染料混合制成的颜料。相对于水性颜料而言，它需要很长时间才能干燥。油在接触空气以后开始变硬，并锁住色彩。

晕涂法： 叠加透明颜料以缓和画作上的轮廓线以及不同颜色之间的过渡的方法。这样会产生一种蒸汽效应，让主题的轮廓不再鲜明。这种绘画方式更接近我们的视觉，因为在大自然里本没有这些线条……

原色/二次色/三次色： 有三个原色：红（品红）、黄、蓝（青）。二次色是绿色、橙色和紫色。两个原色按同样的比例混合以后，就得到了二次色。其他颜色叫作三次色。

互补色： 两个互补颜色混合以后，会两两消失，变成青灰色。

色环： 一个有着彩虹颜色的圆环。这个圆环有12个基础颜色。有三种原色——红、黄和蓝，并且在每两个原色中间放置二次色和三次色。

暖色/冷色： 我们根据颜色给予我

们的冷暖感觉来进行区分。暖色有红色和橙色，冷色接近蓝色。

线性透视：为平面图像（二维图像）打造景深的绘画技法。为了实现这种效果，现实生活中平行的线条应该在消失点交汇。前景的物体或人物比背景的物体或人物要大。

空气透视：一种绘画技巧，通过色调的变化营造景深，或通过色彩的变化营造距离感。它还在画作的不同层面上制造对比的效果。

明暗法：一种用以突出场景真实性的绘画技巧。它在明亮区域和阴影区域之间营造强烈的对比，突出表现物品的体积，或加强面部和身体的表现力。

阴暗画法：表现在昏暗的背景中直接受到光线照射的物体的绘画风格。凸显在“黑暗”的背景沐浴着光线的物体。

暗箱：这是一个大盒子，其中一个壁板上有一个洞。光线从洞里透进去，外面的景象也被精确地投射到小洞对面的壁板上，形成一个倒立的图像，画家可以精确地在画布上再现景象的轮廓。

错视画：一种栩栩如生、令人信以为真的绘画。如果观众有这种错觉，那么说明这幅作品非常成功。

视错觉：一些拿我们看待和分析图像的方式开玩笑的图像。这些图像具有欺骗性，给我们营造一个虚假的现实。

变形影像：一种扭曲的图像，只有从某个非常精确的角度，或者采取某种特定的姿势，又或者借助一种专业的光学系统，才能看到它正确的比例。

小问题大发现

社会能力

[法]斯特法妮·杜瓦尔/著　[法]玛丽·德·蒙蒂/绘
李月敏/译

北京时代华文书局

图书在版编目（CIP）数据

社会能力 / (法) 斯特法妮 · 杜瓦尔著 ; (法) 玛丽 · 德 · 蒙蒂绘 ;
李月敏译 .-- 北京 : 北京时代华文书局 ,2020.8
(小问题大发现)
ISBN 978-7-5699-3731-2

Ⅰ . ①社… Ⅱ . ①斯… ②玛… ③李… Ⅲ . ①社会问题—儿童读物 Ⅳ . ① C913-49

中国版本图书馆 CIP 数据核字 (2020) 第 090168 号
北京市版权局著作权合同登记号 图字 :01-2018-8823

Pourquoi VIVRE ENSEMBLE c'est chouette ?
Illustrator:Stéphanie DUVAL
Author:Marie DE MONTI
2018-2019, Gulf stream éditeur
www.gulfstream.fr
This translation edition published by arrangement with Gulf stream éditeur through Weilin BELLINA HU.

小问题大发现　社会能力
Xiao Wenti Da Faxian　Shehui Nengli

著　　者 | [法] 斯特法妮 · 杜瓦尔
绘　　者 | [法] 玛丽 · 德 · 蒙蒂
译　　者 | 李月敏

出 版 人 | 陈　涛
策划编辑 | 许日春
责任编辑 | 石乃月　王　佳
责任校对 | 张彦翔
装帧设计 | 刘晓辉　迟　稳
责任印制 | 刘　银

出版发行 | 北京时代华文书局 http://www.bjsdsj.com.cn
北京市东城区安定门外大街 138 号皇城国际大厦 A 座 8 楼
邮编：100011　电话：010 - 64267955　64267677
印　　刷 | 湖北长江印务有限公司　0217 - 8382604
(如发现印装质量问题，请与印刷厂联系调换)
开　　本 | 880mm×1230mm　1/32　　印　　张 | 9　　字　　数 | 173 千字
版　　次 | 2020 年 10 月第 1 版　　印　　次 | 2020 年 10 月第 1 次印刷
书　　号 | ISBN 978-7-5699-3731-2
定　　价 | 136.00 元 (全 8 册)

目录

10个问题

3个活动

提示：活动要注意安全

文中带星号*的词汇，在词汇表里有详细的解释！

为什么说人人都是平等的？

尽管我们的外形、性格或生活方式各有不同，但我们都拥有相同的权利和义务，因为我们都是人类。

在生活中，有人高大，有人矮小，有白人，有黑人，有人身体残疾，有人身手矫健，有人搞笑，有人爱发牢骚……我们每个人都不相同。事实上，我们每个人都是独一无二的，世界上没有完全相同的两个人。因此，我们的需求也必然是不一样的。对一些人适合的，对另一些人未必一定适合……

然而，有一件事是相同的：我们都是人类！就像《世界人权宣言》*里说的，“人人生而平等”。也就是说，我们都有相同的权利*和相同的义务*。人人都有被爱的权利，也都应该尊重他人！没有人比别人更高一等。

你知道吗？

歧视*是被法律所禁止的。法律明确规定，每个人不分民族、种族、性别、财产等，都可以平等地上学、工作等。

为什么和不认识的人玩耍有点儿难？

面对与自己不同的人，你会感到害怕，会胡思乱想。然而，勇敢地向他人敞开心扉，可能会收获满满哟！

差异会令人恐惧！你害怕自己不了解的事物，害怕与自己不同的事物……你会敬而远之，尤其是当别人穿着奇怪、说着不同的语言或方言的时候。找你认识的伙伴玩耍要容易得多。一个眼神就能明白对方！一句话就可以开始玩耍！

但是，当你对看起来奇怪的人有一些了解时，你会发现你们之间的相似之处。然后你发现，你们都喜欢玩耍，都喜欢打闹！你们之间的差异就像一个新游戏，让你学到新的语言，或者尝到新的口味。

你知道吗？

向**刻板印象***说不！男孩儿也会喜欢粉色，也会很爱说话，女孩儿也不都是安静和认真的，女孩儿也可以成为足球运动员和木匠。事实上，每个人都有权选择自己的成长方式。

法律是用来烦我们的吗？

法律规定了什么能做，什么不能做。为了让所有人和平共处，我们都需要遵守法律。否则，我们就要面临法律的惩罚！

在生活中，如果是最强的人决定一切，那么这就是丛林法则。这样很不公平，不是吗？所以，人们制定了一些法律和规则，来规定什么是允许的，什么是禁止的。不遵守法规就要**受到惩罚***！就像你，如果你不遵守校规，或者玩牌的时候作弊，也要受到惩罚。

法律和法规的制定，是为了让人自由地做自己想做的事，而不会妨碍他人。因为，我们不能只做对自己有利的事情。地球上并非只有我们……否则的话，最好去孤岛上生活！就像谚语说的："一个人的自由止于他人的自由开始的地方。"

你知道吗？

法律是由立法机关按照法定程序制定、补充、修改或废止的。

在中国，全国人民代表大会和全国人民代表大会常务委员会行使立法权。

礼貌有什么用？

礼貌法则显示出我们对他人很关心，可以让人与人之间建立起联系。一个微笑，一句善意的问候，生活可以变得更美好！

“早安”“请”“谢谢”“对不起”，这些充满魔力的词汇对你来说意味着什么？礼貌法则就像交通规则一样，可以让人们更好地生活在一起。当你彬彬有礼的时候，你是在向别人展示自己对他的关注和尊重*。你想到的不只是自己，生活也因此变得更加舒适！

由于你彬彬有礼，你和别人开始了交往。你对他表现出了兴趣，即使你的观点、品位、生活方式都和他不同。在世界上所有的国家都有一套礼仪法则。这些法则并不都是一样的！它们在不同国家都有所变化，但都满足了人们共同生活的愿望。很美妙，不是吗？

你知道吗？

当你去朋友家做客时，在中国，提前到达是礼貌的表现，而在西班牙或委内瑞拉，这样是不礼貌的。在非洲，给主人带酒或蛋糕都是不礼貌的表现。

为什么不能乱丢垃圾?

我们每个人都应该行动起来，保护我们美丽的星球，保护大自然不受污染的侵袭!

我们有75亿人共同生活在地球上。我们的星球是一个奇迹：它蕴含着许多财富。但要注意，地球也很脆弱……污染威胁着它的平衡。我们每个行为都不容小觑。如果所有人都把垃圾扔在路上，它很快就会变成一个垃圾场！而没有人愿意生活在垃圾里！

啊!……看看，
大自然多么美丽!

地球上也并非只有人类：植物和其他动物为数也不少。所有的物种，包括人类在内，都需要其他生命才能生存。他们一起形成了一个食物链。当链条中的一环消失，链条上的其他所有物种都会处于危险当中！当大自然的平衡受到了威胁，人类也将自己置于险境。

你知道吗？

中国的垃圾分类工作正在各个城市陆续推进。以北京为例，生活垃圾分为四类：厨余垃圾、可回收物、有害垃圾、其他垃圾。

想打人的时候该怎么做?

当你和别人意见不统一的时候，采取暴力并不是一个好办法。相反，这时候应该用话语解释明白。

当你生气的时候，可能想要打人。然而，暴力不能解决任何问题，它往往会引起更多的暴力，无止无休。其实，对抗暴力的唯一武器，就是语言。如果感觉用语言表达太困难，你可以画出来，也可以写下来。

每个人都有自由思考和自由表达的权利。我们每个人都有权利不同意他人的观点，并且说出来。所以，我们可以辩论，倾听他人的意见，表达自己的看法，但在任何情况下，我们都不应该使用暴力，这是法律所禁止的！

你知道吗？

莫罕达斯·卡拉姆昌德·甘地是一名印度政治家。人们尊其为圣雄（也就是“拥有伟大灵魂的人”），他倾其一生献身于“非暴力不合作”运动，反抗他的人民在自由问题上遭到的不公正待遇。

为什么说告发不公正和侵犯行为很重要？

在遭遇具有破坏性的不公正和**侵犯行为***的时候，懂得说“不”很重要。默默不语则意味着接受，并允许这种情况继续下去。

如果有孩子嘲笑你，或者有大人虐待你，又或者当你看到了不公正的现象，你有权说“不”。在发生不公的情况下，说“不”是一种自我保护的方式，也是获得尊重与尊重你自己的方式！这还可以帮助你停止对方的侵犯行为。

你知道吗？

骚扰，就是持续不断地以纠缠、恐吓、侮辱等方式干扰他人生活。敲诈，就是强迫一个人非自愿地交出钱财、物品或服务。在任何情况下，这些行为都是法律所禁止的，会受到严厉的处罚。

当你告发一个不公正的现象，你就打破了沉默，阻止这种情况继续下去。当然，你会害怕，有时还会觉得羞耻，但是告诉一个你信任的人，你就可以获得帮助。

为什么分享很难？

分享并不容易做到，尤其是当你需要分享很喜欢的人或物品时。但是，分享也可以给你带来快乐！

你不是独自生活在孤岛上，所以，即使你不情愿，有时候也不得不与人分享你喜欢的东西：糖果、爸爸的爱抚、朋友等。尤其是，你并不知道这种分享有没有回报。因为分享，就是冒着得不到回报的风险而进行的付出……但有时也会有意外的惊喜！

分享，也可以是愉悦的，因为你的付出给别人带来了快乐。于是，你感觉自己善良又慷慨，这也给你带来了快乐。我们也可以分享**苦差事***，并快速完成它！那些讨厌的苦差事也可以变成欢乐的派对！

你知道吗？

有些学校会开办一天的知识市场。同学们相互交流他们的知识……比如，做编织或者折纸飞机……你也可以主动向同学们提议！

帮助别人有什么用?

在生活中，当我们互相帮助或与他人合作时，我们会感觉心里暖暖的！因为我们的行为让世界变得更美好！

团结就是力量。就拿橄榄球运动来说吧，如果说一个球员无法单独赢得比赛，那么和团队一起，就容易多了！与他人在一起的时候，你学到了新的东西，也交到了新的朋友。一起动手完成一项工作，也让人倍感骄傲！竞争很刺激，但如果竞争太多，会让人感觉压力很大！

不论是大人还是孩童，每个人都可以用自己的方式提供帮助。所以，当朋友遇到困难时，不要犹豫，帮助他。他也会感觉自己在困难面前变得更加强大。而如果有一天你也需要帮助，你也会因为得到别人的关心而感到高兴。好处不言而喻。因为**团结互助***会让生活变得更加柔软！

你知道吗？

每个人都可以从自己的角度出一份力：把旧玩具和穿小的衣服送给福利院，参加食物收集活动，把作业带给生病的同学……

为什么我们不能做大人做的事？

孩子不是微型成年人。无论男孩儿还是女孩儿，都应该经过一步一步的成长，才能成为真正的成年人！

每个孩子都有一步步长大的权利，不跳过中间的任何一步。因为在长大成人以前，他需要逐步构建自我，经历每个年龄该做的事情，比如玩耍、交朋友、上学、保持健康的身体……这样，他才能成为一个身心平衡的成年人。

平安长大的过程中，安全感是必不可少的。由于孩子们还很弱小，必须保护他们不受任何暴力的伤害。不幸的是，并非所有国家、所有家庭都能保证这一点……但我们希望通过更多的教育、对话和时间，所有人都将得到尊重……孩子们也一样。

你知道吗？

联合国是一个几乎联合了世界上所有国家的组织，1989年，联合国大会通过了《儿童权利公约》，规定了儿童的基本权利。截止到目前，共有196个国家许诺遵守这个公约。

顶物行走

材料

➪ 粉笔或绳子

➪ 一些小长方体（比如积木），给每个参与者发一个

参加人数

➪ 至少8个人，4个人为一组

步骤

1 用绳子或粉笔在地上标出起点线。向前走30步后，标出终点线。

2 把成员分成两组，要求所有人在起点线后面站好。

3 给每个人分发一个小积木，请他们放在头顶，等待开始的信号。

4 信号响了，所有人都顶着积木向前冲。

5 如果有人的积木从头顶上掉了下来，他必须停止不动，等待队员来帮他捡起并放回头顶……同时该队员还不能把自己的积木弄掉。

6 全员最先越过终点线的一组获胜。

！原理说明

通过这个游戏，你会发现，在游戏的同时，团体协作可以让我们变得强大。我们需要时刻关注自己的队友，并在队友需要的时候伸出援手。

活动

盲眼毛毛虫

材料

⇨ 几条（蒙眼睛用的）围巾，比参加人数少一条即可

参加人数

⇨ 至少4个人

步骤

1 请所有参加人员排成一个纵队，后面的人把双手搭在前面的人的肩膀上。

2 把所有人的眼睛蒙起来，队伍最后一名成员除外。由他给“毛毛虫”指路：

1. 当他用双手拍打前面队员的肩膀，队伍前行；
2. 当他的双手离开前面队员的肩膀，队伍停止；
3. 当他单独用一只手（左手或右手）拍打前面队员的肩膀，队伍向左或向右转；

3 队伍的每个成员依次把指令传递到队伍的最前列，让他遵照指令，带领后面的“毛毛虫”前进。

禁止说话！

其他玩法

可以增加游戏的难度，比如在毛毛虫前行的路线上设置一些障碍，或者放一些需要捡起来的物品。

原理说明

通过这个游戏，你会发现，人们不说话也可以理解彼此！事实上，语言不是唯一的交流方式。

活动

千人千面

材料

- 一些白色A4纸
- 一面镜子
- 水彩笔
- 剪刀
- 订书器

步骤

1 取一张A4纸，在上面画一个椭圆形，均匀地分成四份，从左至右画虚线标出来。然后，把这张纸复印若干份，发给每个参与者。

2 请每个人在镜子里观察自己，然后在第一格画上自己的头发，在第二格画上自己的眼睛，在第三格画上自己的鼻子，在最后一格画上自己的嘴巴。

3 把所有纸张订起来，沿着虚线剪开，左边留一厘米的空间。

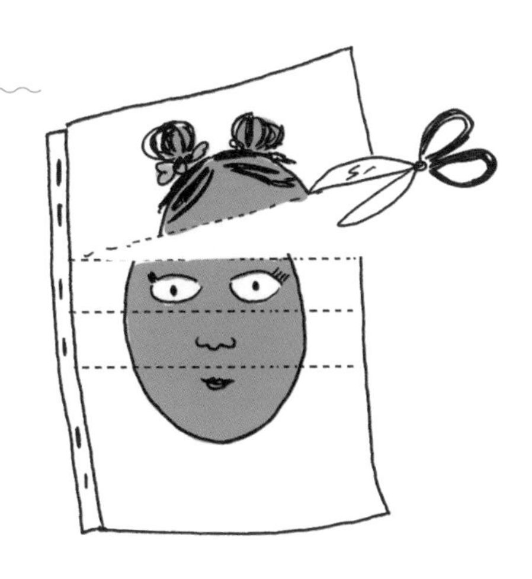

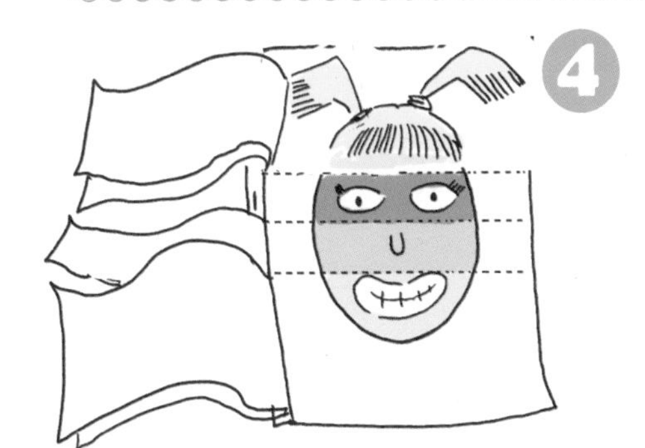

4 翻阅这些纸张，让不同的脸孔混淆在一起，新的面孔产生了！

原理说明

通过这个游戏你会发现，虽然每个人都长得不一样（不同颜色的皮肤、眼睛和头发，不一样的嘴巴和鼻子），但我们都有一张人类特有的面孔！

了解更多

一些有用的联系方式

110——报警电话
遇到紧急情况时拨打，如发生盗窃、抢劫、打架等案件，或个人无法解决的困难，如迷路等。

119——火警电话
遇到火灾、重大安全事故、自然灾害等情况时拨打。

120——急救电话
遇到突发病，需要紧急送到医院的情况拨打。

122——交通报警电话
遇到交通事故的时候拨打。

12338——妇女维权公益服务热线
主要为妇女、儿童提供法律、婚姻、家庭、心理、教育等方面的咨询，并受理妇女、儿童侵权案件的投诉。

如何通过以上电话快速获取帮助？

1.电话接通后，告知对方你的情况及你需要得到的帮助。
2.说明你所处的位置，不知道具体位置时，学会以周围明显的建筑物或道路路标作为标志物。
3.将自己的名字、电话告诉对方，以便联系。

词汇表

《世界人权宣言》：1948年，世界上几乎所有国家在巴黎共同签署了《世界人权宣言》，这份宣言保证了所有人都享有平等的权利，不分肤色、性别、出身、见解或信仰。

权利：公民或法人依法行使的权力和享受的利益。

义务：义务是需要做的事情，必须要尽到的职责，比如遵纪守法、纳税……

歧视：由于一个人的肤色、性别、经济状况、出身等而对其进行孤立或区别对待的行为。这是被法律所禁止的，会受到严厉的处罚。

刻板印象：一些固有的观点，往往被当作事实。有时候，所有人都相信它，这就危险了。有些刻板印象是错误的。人们说这是一种成见。

受到惩罚：受到惩罚，是因为我们没有遵守法律而受到了制裁（罚单、坐牢……）。

尊重：认真对待他人的一种方式。在稍加克制的情况下，人们可以相处得很好。

侵犯行为：错误地使用某样东西。是一种过度的行为。

苦差事：强加给人的艰苦、令人厌烦的工作。在历史上，苦役往往是领主或国王派给农民的没有报酬的劳动。

团结互助：人们受到共同利益的驱使而彼此之间相互帮助的行为，例如互相支持、互相安慰、互相帮助……